알기쉬운 통계학

연습문제 해답집

민재형 · 이군희

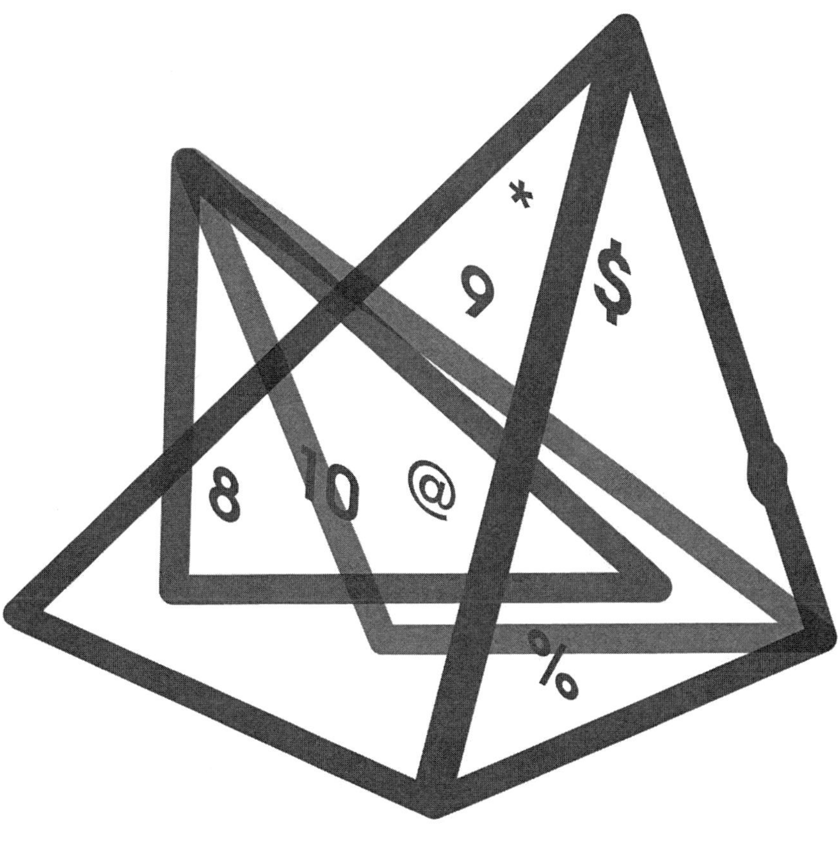

북 넷

머리말

본 연습문제 풀이집은 독자들의 효과적 학습을 위하여 「알기쉬운 통계학」에 있는 연습문제들의 풀이과정을 표준적으로 제시한 것이다. 한 문제를 해결하는 방법은 여러 가지가 있을 수 있다. 그리고 풀이과정의 논리와 결과가 같을 경우에는 그러한 해결방법도 올바른 것이다. 독자들은 교재를 읽고 개념 복습을 위해 연습문제를 스스로 해결한 후 자신들의 풀이과정을 점검하는 도구로서 이 풀이집을 이용하기 바란다. 본 연습문제 풀이집을 만들면서 가급적이면 독자들이 쉽게 이해할 수 있도록 풀이과정을 구체화하도록 노력하였다. 본 풀이집이 독자들의 통계학 학습에 도움이 되기를 기대하며, 풀이과정에 의문이 있을 경우에는 필자들에게 언제라도 연락을 주기 바란다.

2014년 7월

민재형 jaemin@sogang.ac.kr

이군희 ghlee@sogang.ac.kr

목 차

제1장 연습문제 ······ 5

제2장 연습문제 ······ 7

제3장 연습문제 ······ 13

제4장 연습문제 ······ 18

제5장 연습문제 ······ 29

제6장 연습문제 ······ 40

제7장 연습문제 ······ 50

제8장 연습문제 ······ 58

제9장 연습문제 ······ 64

제10장 연습문제 ······ 82

제11장 연습문제 ······ 96

제12장 연습문제 ······ 106

제13장 연습문제 ······ 122

제14장 연습문제 ······ 130

알기쉬운 통계학

제1장 연습문제

1. 모집단이란 연구자가 관심을 갖고 있는 정보를 보유한 집단 전체를 의미하며 표본은 모집단으로부터 추출된 관측 가능한 모집단의 일부분을 말한다. 모집단과 표본의 관계는 확률과 통계적 추측으로 연결되어 있다. 확률은 모집단의 특성을 알고 있는 상태에서 표본 결과의 가능성을 나타내는데 사용되는 수학적 언어이며, 통계적 추측은 표본의 결과를 근거로 모집단의 특성을 파악하는 행위를 말한다. 따라서 확률과 통계적 추측은 모집단과 표본을 연결시키는 개념이다.

2. 표본추출방법은 크게 판단표본추출과 확률표본추출로 나뉘어 진다. 판단표본추출은 모집단의 특성을 잘 나타낼 수 있는 표본을 연구자가 임의로 선정하는 방법으로 이 방법을 사용하기 위해서는 모집단의 특성을 잘 반영할 수 있는 표본을 분간할 수 있는 연구자의 전문성이 요구된다.

확률표본추출은 모집단을 구성하고 있는 기본단위가 표본으로 추출될 확률을 일정하게 할당하여 표본을 추출하는 방법으로 표본의 객관적 분석이 가능하다. 확률표본추출은 단순무작위표본추출, 층화표본추출, 군집표본추출, 체계적 표본추출 등으로 나누어진다.

예를 들어, 여론조사를 하는 경우를 고려하여 보자. 이 경우 우선 특별시, 광역시를 포함한 각 도를 층(strata)으로 구분하여 층화표본추출을 할 수 있을 것이며 각 층에 있어서는 세부적으로 다른 표본추출방법을 적용할 수 있다. 예를 들어 서울특별시라는 층은 다시 몇 개의 구로 나누어지므로 각 구를 군(cluster)으로 나누는 군집표본추출을 고려할 수 있다. 여기에서 선택된 각 구에 대해서는 단순무작위표본추출을 이용하여 여론조사를 실시할 수 있을 것이다.

3. 각 학문 분야에서 사용되고 있는 통계학은 주로 불확실한 상황하에서의 객관적인 의사결정과 관련되어 있다. 예를 들어, 경영학 분야에서는 마케팅조사를 이용하여 경영전략을 구상한다거나 신제품 개발의 타당성을 파악할 수 있으며, 품질검사, 수요량 예측, 투자의 수익성 및 위험성 예측 등에도 활용되고 있다.

4. 통계적 의사결정은 표본을 통해 얻은 부분적인 자료를 정리, 요약, 분석하여 필요한 정보(표본정보)를 얻고, 이러한 표본정보를 근거로 모집단의 특성을 추측함과 동시에 미래에 대한 예측이나 여러 대안 중에서 최적의 대안을 찾아내는 행위를 말한다. 이러한 통계적 의사결정의 일반적인 절차를 요약하면 다음과 같다.

첫째, 당면한 문제를 정확하게 파악하여 문제해결을 위해 어떠한 정보가 필요한 지를 파악한다.

둘째, 문제와 관련된 자료를 수집, 정리, 요약, 분석하여 표본의 특성을 파악한다.

셋째, 앞 단계에서 얻은 표본정보를 이용하여 모집단에 대한 특성을 파악하고, 후속적으로 미래에 대한 예측이나 의사결정을 수행한다.

5. ① 한국갤럽 여론조사: 지지율(서병수 후보 : 38.0%, 오거돈 후보 : 38.0%), 표본오차(±3.5%)

TNS 여론조사 : 지지율(서병수 후보 : 39.6%, 오거돈 후보 : 34.2%), 표본오차(±3.4%

② 모집단 : 부산의 모든 유권자

표본 : 유·무선 전화면접의 대상이 된 800명의 부산 시민

③ 모수 : 서병수 후보의 실제 지지율, 오거돈 후보의 실제 지지율

통계량 : 800명의 표본조사를 통해 얻은 두 후보 각각의 표본 지지율(한국갤럽 : 38%, 38% / TNS : 39.6%, 34.2%)

④ 단순무작위표본추출(simple random sampling)

⑤ 표본오차란 모집단의 일부인 표본의 결과를 근거로 모집단 전체의 특성을 추론하는 과정에서 발생하는 오차로서 이 예에서는 전화조사의 대상인 부산시민 800명(표본)의 각 후보 표본 지지율을 통하여 부산 모든 유권자의 각 후보 실제지지율을 추론할 때 발생하는 오차를 말한다. 표본오차는 표본의 크기가 클수록(조사대상 유권자의 수가 많을수록) 감소한다. 반면 이 예에서의 비표본오차란 표본으로 추출된 800명의 유권자가 모집단(부산 전체 유권자)의 전체 특성을 반영하지 못하는 어느 특정 계층의 유권자라든지(예를 들어, 전화번호부에 등재되지 않은 유권자들은 조사대상에서 제외될 수 있음), 또는 전화조사시 응답자가 자신의 지지후보를 거짓으로 말하는 경우 발생하는 통계적으로 제어할 수 없는 오차를 말한다.

⑥ 부산 유권자 800명(표본)의 전화조사 결과를 근거로 각 후보에 대한 실제지지율을 예측하는 것을 말한다.

알기쉬운 통계학

제2장 연습문제

1. 자료를 나타내는 수치에 사용되는 척도는 명목척도, 서열척도, 구간척도, 비율척도로 나뉘어지며, 명목척도와 서열척도는 범주형 자료를 수치화하는데 사용되고, 구간척도와 비율척도는 수량자료를 나타내는데 사용된다.

우선 명목척도는 관측결과의 특성을 분류하고자 할 때 쓰인다. 예를 들어, 빨간색에 1번을 부여하고 노란색에 2번, 검은색에 3번을 부여할 때 사용하는 숫자 1, 2, 3은 명목척도이다. 여기에서 숫자는 임의로 선택되었고 다른 숫자를 써도 무방하다. 여기서 사용된 수치는 관측결과의 특성만을 나타낼 뿐(즉, 1은 빨간색) 순서의 개념이 있는 것이 아니다(즉, 빨간색이 노란색보다 낫다거나 못하다고 말할 수 없다.).

서열척도는 명목척도의 특성에다 순서의 개념이 덧붙여진 수치이며, 거리의 개념은 없다. 예를 들어, 서비스 만족도에 대한 설문조사 분석을 위해 만족에 1번, 보통에 2번, 불만족에 3번의 수치를 붙이는 경우, 숫자 1, 2, 3은 서열척도이다. 서열척도는 순서의 개념은 있지만 거리의 개념은 존재하지 않는다. 예를 들어, 만족과 보통, 그리고 보통과 불만족의 품질차이가 수치상으로는 1이지만 이것은 만족과 보통의 차이와 보통과 불만족의 차이가 동일하다는 것을 의미하지는 않는다.

구간척도는 순서와 거리의 개념은 있으나 의미있는 원점이 없어 비율의 개념이 없는 척도이다. 즉, 구간척도에도 0의 값은 존재하나 그것은 의미있는 원점이 아니고 임의로 정해 놓은 것이다. 예를 들어, 섭씨 0°는 온도가 없다는 의미가 아니라 물이 어느 온도를 임의로 기준 잡은 것이다. 시간의 0시도 마찬가지 예이다.

비율척도는 순서, 거리뿐만 아니라 의미있는 원점도 있어 비율의 개념이 존재하는 척도이다. 비율척도의 예로는 무게, 길이 등을 들 수 있는데, 이들의 경우 0의 값은 측정하고자 하는 특성이 존재하지 않는 것을 의미한다. 우리가 실생활에서 접하는 대부분의 수량자료는 비율척도로 측정된 것이다.

2. 동전을 던져 앞면이 나오면 1, 뒷면이 나오면 2로 구분하는 경우 : 범주형 자료

동전을 여러 번 던져서 앞면의 수를 세는 경우 : 비율척도

3. ① 비율척도 ② 구간척도 ③ 비율척도 ④ 명목척도 ⑤ 서열척도 ⑥ 서열척도

4. ① 이산형 자료 ② 연속형 자료 ③ 이산형 자료 ④ 연속형 자료

5. 범주형 자료는 순서의 개념이 없으며, 크기나 거리의 개념도 갖고 있지 않다. 따라서 평균이나 누적도수의 표현은 의미가 없다.

6. ① 범주형 자료
② 고객의 방문시간대는 범주형 자료이기 때문에 평균 시간대를 구하는 것은 의미가 없다.
③ 시간대별 방문고객의 수에 대한 변화를 파악할 수 있다. 구체적으로 도수분포표를 살펴보면 은행 개점 후 2시간동안인 9시부터 11시, 그리고 은행 폐점시간대인 3시에서 4시 사이, 이 3시간동안 전체고객의 51%가 방문한다는 사실을 확인할 수 있다. 이렇게 특정시간대에 고객이 몰리는 문제를 해결하기 위하여 은행원의 근무시간을 유연하게 조정하는 것을 고려할 수 있다. 그리고 고객이 거의 찾아오지 않는 1시에서 2시 사이의 시간대를 은행원들의 점심시간으로 활용하든지 또는 고객들로 하여금 이 시간대를 많이 활용하도록 홍보하는 것도 필요할 것이다. 또한 고객방문패턴 조사를 통해 고객들이 많이 몰리는 시간대에 은행원들을 많이 투입하고, 고객방문이 한산한 시간대에 은행원들을 적게 투입하는 근무교대조 편성에도 활용할 수 있다.

7. ① 과자의 중량에 대한 도수분포표 (계급구간은 이상과 미만으로 사용함.)

계급구간	계급값	도 수	누적도수	상대도수	누적상대도수
970～980	975	1	1	0.01	0.01
980～990	985	2	3	0.02	0.03
990～1000	995	3	6	0.03	0.06
1000～1010	1005	7	13	0.07	0.13
1010～1020	1015	13	26	0.13	0.26
1020～1030	1025	23	49	0.23	0.49
1030～1040	1035	29	78	0.29	0.78
1040～1050	1045	14	92	0.14	0.92
1050～1060	1055	7	99	0.07	0.99
1060～1070	1065	1	100	0.01	1

②

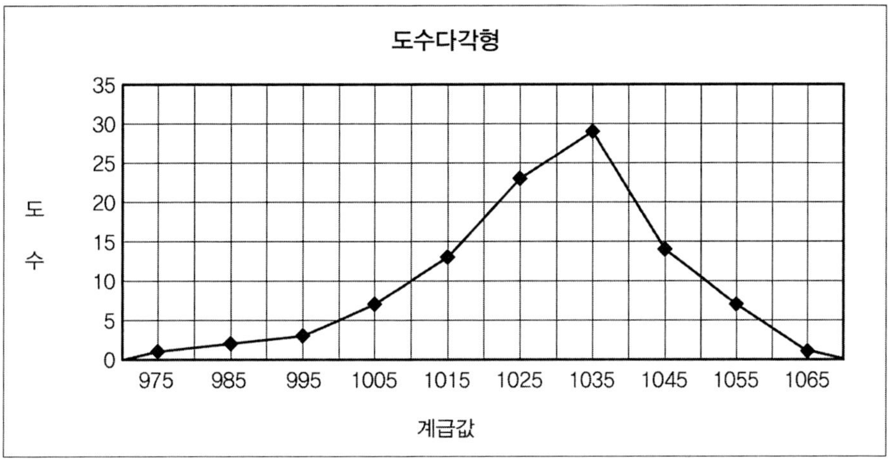

③ 예를 들어, 계급폭을 20, 첫째 계급의 하한값을 970으로 하여 도수분포표를 그리면 다음과 같다.(계급구간은 이상과 미만으로 사용함.)

〈도수분포표〉

계급구간	계급값	도 수	누적도수	상대도수	누적상대도수
970~990	980	3	3	0.03	0.03
990~1010	1000	10	13	0.10	0.13
1010~1030	1020	36	49	0.36	0.49
1030~1050	1040	43	92	0.43	0.92
1050~1070	1060	8	100	0.08	1

④ 줄기－잎 그림(줄기 10단위)

줄기	잎	도수
97	0	1
98	59	2
99	036	3
100	0122344	7
101	0012333455679	13
102	01111222244556677788999	23
103	00000022334444445556677899999	29
104	12333477778999	14
105	0035679	7
106	9	1

줄기－잎 그림은 도수분포표나 히스토그램과 같이 해당 계급의 도수를 보여줄 뿐만 아니라, 각 계급내의 구체적인 관측값도 나타내 줌으로써 도수분포표보다 보다 풍부한 정보를 제공한다.

8. ① 강우량에 대한 도수분포표 (계급구간은 이상과 미만으로 사용함.)

계급구간	계급값	도 수	누적도수	상대도수	누적상대도수
400～600	500	2	2	0.025	0.025
600～800	700	2	4	0.025	0.05
800～1000	900	9	13	0.1125	0.1625
1000～1200	1100	21	34	0.2625	0.425
1200～1400	1300	25	59	0.3125	0.7375
1400～1600	1500	17	76	0.2125	0.95
1600～1800	1700	2	78	0.025	0.975
1800～2000	1900	1	79	0.0125	0.9875
2000～2200	2100	1	80	0.0125	1

②

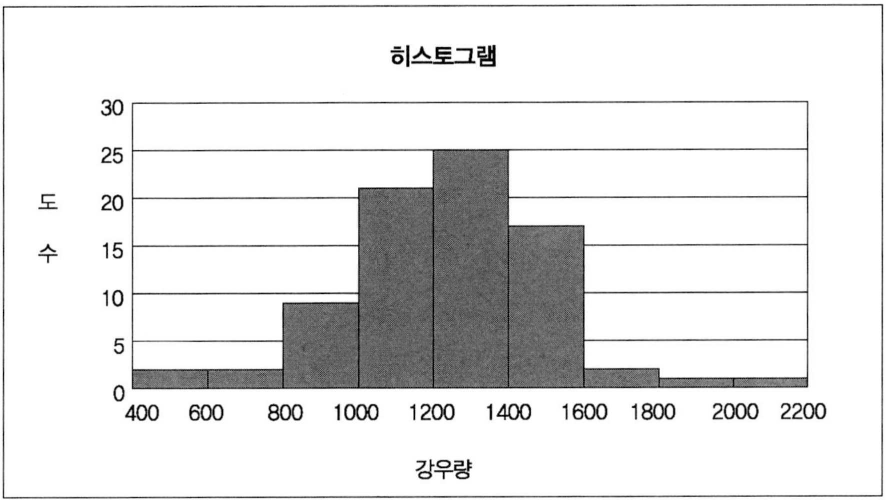

③

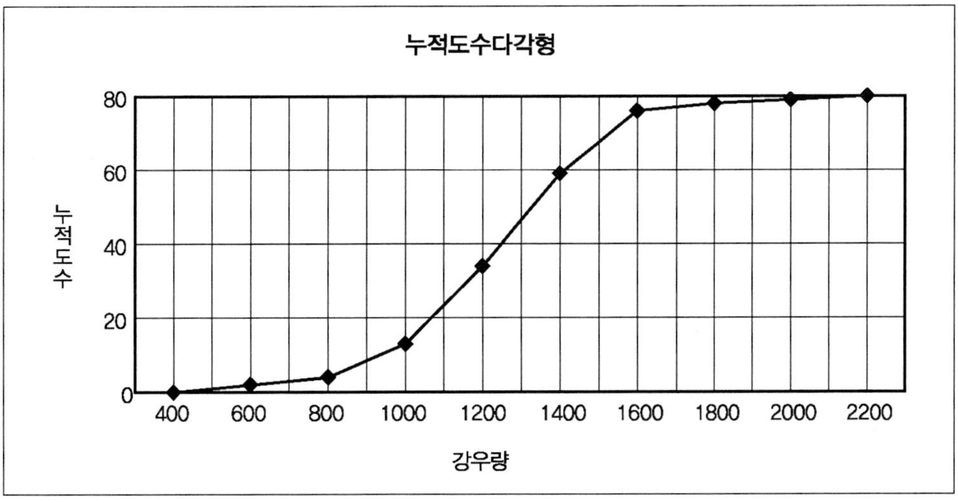

④ 셋째 계급의 상대도수는 0.1125 또는 11.25%이다.

⑤ 강우량이 1400㎜미만이 되는 상대도수는 다섯번째 계급의 누적상대도수를 의미하므로 0.7375 또는 73.75%이다.

9. 예를 들어 (문제 7)에 주어진 자료를 이용하여 작성한 다음과 같은 두 개의 히스토그램을 고려해 보자.

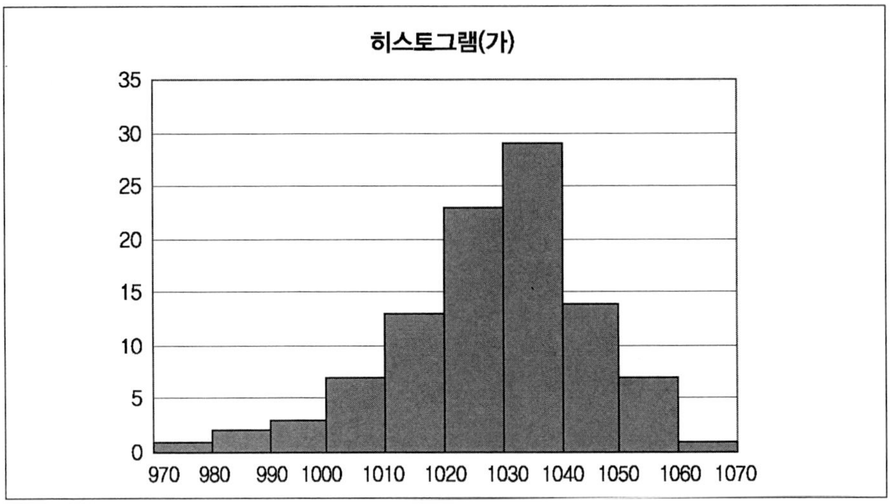

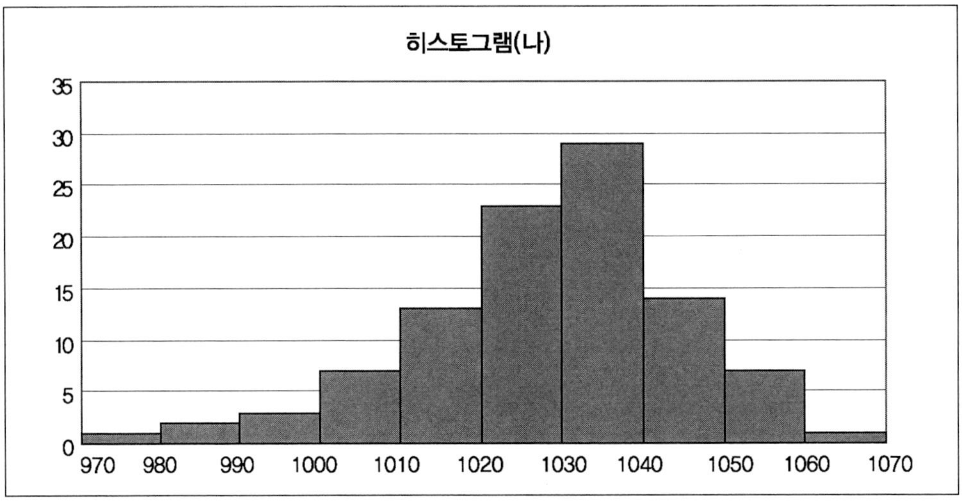

수평축이 짧고 수직축이 긴 히스토그램(가)에서는 분포의 움직임이 매우 급격한 것처럼 보인다. 따라서 계급값이 1025와 1035인 계급구간의 경우 상대적으로 매우 높은 빈도수를 나타내는 것처럼 보인다. 반면, 수평축이 길고 수직축이 짧은 히스토그램(나)에서는 분포의 움직임이 매우 완만한 것 같이 보인다. 따라서 계급값이 1025와 1035인 계급구간의 경우, 히스토그램(가)처럼 그렇게 높은 빈도수를 나타내는 것 같이 보이지는 않는다. 이와 같이 히스토그램이나 도수다각형을 그리는 경우 수평축이 길이와 수직축의 길이에 의하여 시각적인 차이가 존재할 수 있다는 사실을 유념해야 할 것이다. 두 가지 이상 자료의 분포를 그림을 통해 비교하는 경우 반드시 수직축과 수평축의 단위나 길이가 동일한지를 확인하는 것이 필요하다.

알기쉬운 통계학

제3장 연습문제

1. ① 자료의 분포모양이 오른쪽 꼬리분포일 경우, 평균은 중앙값보다 크다.

② 옳다.

③ 분산은 수량자료에만 적용될 수 있다.

④ 옳다.

⑤ 변동계수의 단위는 없으며, 자료의 대표값(평균)의 크기를 감안하여 산포도를 측정하는 상대적 척도이다.

⑥ 변동계수는 두 종류 자료의 측정단위가 상이할 경우 두 종류 자료의 산포도를 비교하는 측정도구로서 유용하게 사용된다.(∵변동계수는 단위가 없다.)

⑦ 옳다.

⑧ 옳다.

2. 좌우대칭분포일 경우 중앙값과 평균은 일치한다. 그러나 오른쪽 꼬리분포일 경우 평균은 중앙값보다 크며, 왼쪽 꼬리분포일 경우 평균은 중앙값보다 작다.

3. 산술평균은 극단값(outlier)에 많은 영향을 받는다. 따라서 자료에 극단값이 존재하는 경우 산술평균은 분포의 중심을 제대로 나타내지 못하고 극단값의 위치에 따라 큰 값이나 작은 값을 갖는다. 예를 들어, 1인당 국민소득을 산술평균으로 표현한다면, 매우 높은 소득을 가진 소수의 사람들(극단값)에 의하여 평균소득은 실제 분포의 중심보다 크게 나타날 가능성이 있다. 이 경우 중앙값을 사용하면 극단값의 영향을 배제할 수 있으므로 분포의 중심을 왜곡시키지 않고 제대로 나타낼 수 있다.

4. ① 평균 소요시간 : 30.32 (초), 중앙값 : 31 (초), (표본)표준편차 : 6.83 (초), 변동계수 : 0.213

② 상자－수염 그림

1사분위수(Q_1)=27.75 　　　사분위수범위(IQR)=7

3사분위수(Q_3)=34.75　　　　수염의 길이=7×1.5=10.5

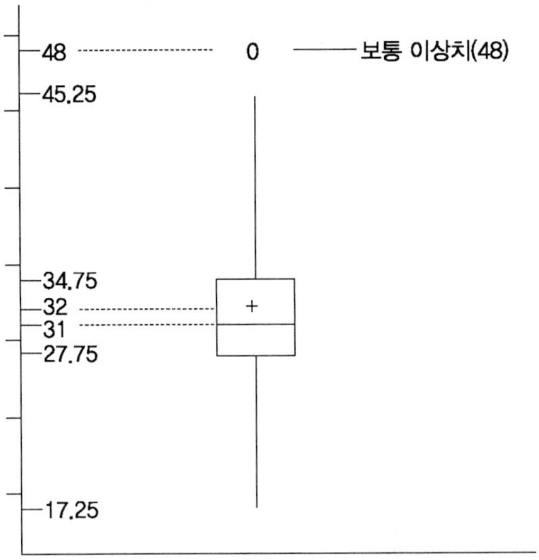

극단이상치는 없으며, 보통이상치는 관측값 48이다.

③ 피어슨 비대칭계수 $= \dfrac{3(\text{평균} - \text{중앙값})}{\text{표준편차}}$

$$= \frac{3(32-31)}{6.83} = 0.44 > 0$$

즉, 피어슨 비대칭계수가 양수이므로 오른쪽 꼬리분포의 특성을 보인다. 이러한 분포 모양은 평균이 중앙값보다 큰 사실을 보고서도 확인할 수 있다.

5. ① 도수분포표의 계급값을 이용하여 계산한 결과는 다음과 같다.

한달 평균용돈 : 386,667원, 중앙값 : 360,000원, 표준편차 : 202,917원

② 체비셰프 법칙에 의하여 k값이 2와 3인 경우를 살펴보면 다음과 같다.

- $k=2$인 경우 : 체비셰프 법칙에 의하면 적어도 $(1-\frac{1}{k})^2 \times 100 = 75\%$의 자료가 구간 386667±2×202917 사이에 포함된다는 의미이다. 이 구간은 (−19167, 792501)이며, 이 구간내에 실제 자료의 약 97%가 포함되므로 체비셰프 법칙이 성립함을 알 수 있다.
- $k=3$인 경우 : 체비셰프 법칙에 의하면 적어도 $(1-\frac{1}{k})^2 \times 100 = 88.9\%$의 자료가 구간 386667±3×202917 사이에 포함된다는 의미이다. 이 구간은

(−222084, 995418)으로, 실제 자료 모두(100%)가 이 구간내에 포함되므로 체비셰프 법칙이 성립함을 알 수 있다.

6. ①

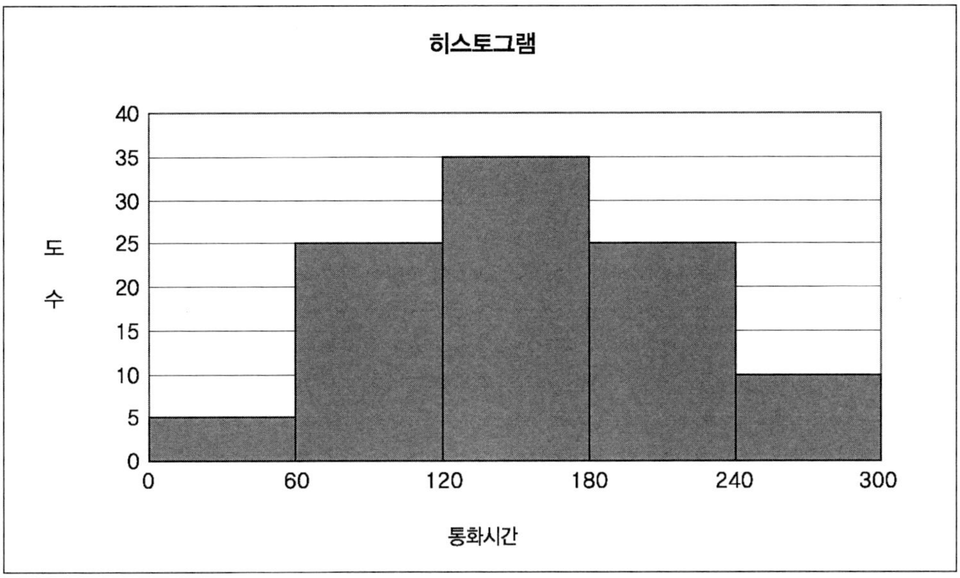

②

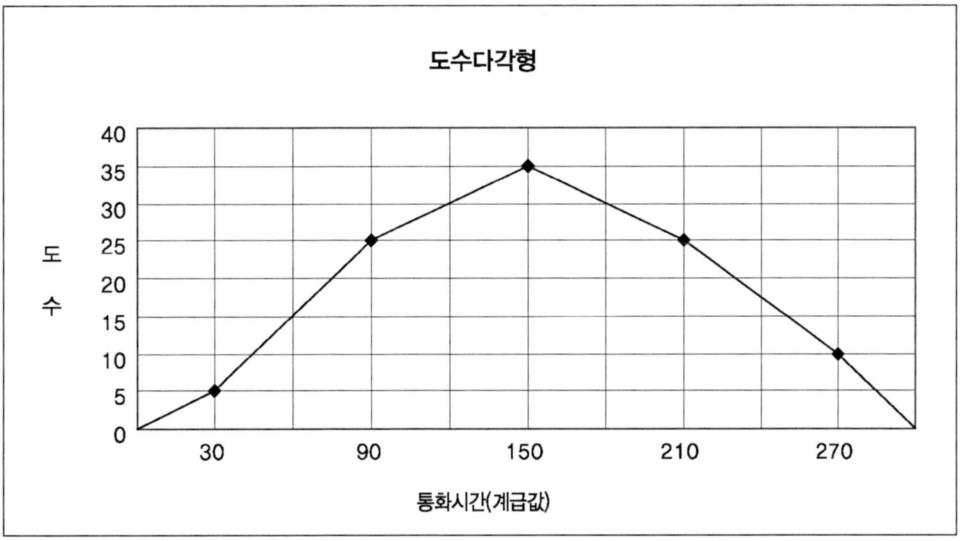

③ 계급값을 이용한 평균통화시간 : 156초

④ 계급값을 이용한 (표본)표준편차 : 63초

⑤ 경험에 의한 법칙에 의하면 평균에서 ±1배의 표준편차 범위는 $156 \pm 63 = (93, 219)$로 이 구간에는 대략 68%의 자료가 들어가 있어야 한다. 또한 평균에서 ±2배의 표준편차범위는 대략 95%의 자료가 들어가 있어야 하고, 평균에서 ±3배의 표준편차 범위인 $156 \pm 3 \times 63 = (-33, 345)$에는 거의 모든(99% 이상의) 자료가 들어가 있어야 한다. 보간법에 의해 도수분포표를 살펴보면 경험의 법칙이 개략적으로 성립함을 알 수 있다.

7. 68%구간 : $2800 \pm 1(400) = (2400, 3200)$

95%구간 : $2800 \pm 2(400) = (2000, 3600)$

8. ① 소득분포 모양에 대한 정보가 없으므로 체비셰프 법칙을 이용한다. (2000, 4000)의 범위는 평균±2.5×(표준편차)에 해당하므로 체비셰프 법칙에서 $k = 2.5$이다. 따라서 신입 영업사원 중 <u>적어도</u> $(1 - \frac{1}{2.5^2}) \times 100(\%) = 84\%$가 2000만원에서 4000만원 사이의 소득을 올린다고 할 수 있다.

② 소득의 분포 모양이 개략적으로 평균을 중심으로 좌우대칭인 종모양을 한다는 정보가 있으므로 경험에 의한 법칙을 적용한다. 즉, 3,800만원 이상의 소득을 올리는 경우는 평균+2×(표준편차) 이상에 해당된다. 그런데 경험에 의한 법칙에 따르면 평균±2×(표준편차)의 범위에 관측값들의 약 95%가 존재하므로 3800만원 이상의 소득을 올리는 신입 영업사원의 비율은 약 2.5%가 된다(마찬가지로 2200만원 이하의 소득을 올리는 신입 영업사원의 비율도 약 2.5%이다).

(참고 : 경험에 의한 법칙은 자료의 분포모양이 제6장에서 배울 정규분포와 흡사하다는 가정에서 출발한다. 정규분포를 이용한 정확한 확률계산은 제6장에서 언급한다.)

9. ① 임금분포 모양에 대한 정보가 없으므로 체비셰프 법칙을 적용한다. (170, 230)의 범위는 평균±1.5×(표준편차)이므로 $k = 1.5$이다. 따라서 이 업체 생산직 근로자 중 <u>적어도</u> $(1 - \frac{1}{1.5^2}) \times 100(\%) = 55.6\%$가 월 170만원에서 230만원 사이의 임금을 받는다고 할 수 있다.

② 임금의 분포가 대략적으로 좌우대칭의 종모양을 하므로 경험에 의한 법칙을 적용한다.

$$Z=\frac{140(\text{만원})-200(\text{만원})}{20(\text{만원})}=-3$$

따라서 이양순씨의 임금은 평균−3×(표준편차)에 해당하는 것으로 거의 최저 수준에 해당한다고 말할 수 있다.

③ 일반적으로 이러한 근거는 5%를 기준으로 설정한다. 즉, 모든 조건이 비슷한 경우 동료들의 임금수준과 비교하여 하위 5%에 해당하는 임금은 어떠한 차별이 있다고 볼 수 있는 것이다. 이 경우 이양순씨의 임금수준은 동료들에 비해 월등히 떨어지는 이상치(outlier)로서 성차별로 인하여 낮은 임금을 받는다는 객관적 근거가 될 수 있다.

10. ① $\text{변동계수}=\frac{\text{표준편차}}{\text{평균}}$ 이므로

$$EPS\text{변동계수}=\frac{5.19}{7.15}=0.726$$

$$ROR\ \text{변동계수}=\frac{0.33}{0.08}=4.125$$

따라서 ROR의 산포도가 더 크다.

② 상관계수는 두 변수간 선형관계의 방향 및 강도를 나타낸다.(교과서 p. 136 참조) EPS와 ROR의 상관계수 0.057은 두 변수간에 매우 약한 정의 선형관계를 보인다고 할 수도 있으나, 0.057은 거의 0에 가까우므로 EPS와 ROR은 선형관계에 있다고 보기 힘들다.

③ EPS : 왼쪽 꼬리분포 (∵평균 < 중앙값 또는 왜도 < 0)

ROR : 오른쪽 꼬리분포 (∵평균 > 중앙값 또는 왜도 > 0)

(참고 : 요약통계량은 엑셀의 <도구−데이터분석−기술통계법>명령을 이용하면 구할 수 있다.)

알기쉬운 통계학

제4장 연습문제

1. ① 앞을 앞면이 나오는 사건이라고 하고 뒤를 뒷면이 나오는 사건이라고 할 경우,

$S=\{$(앞,앞,앞), (앞,앞,뒤), (앞,뒤,앞), (뒤,앞,앞),
(앞,뒤,뒤), (뒤,앞,뒤), (뒤,뒤,앞), (뒤,뒤,뒤)$\}$

② 1에서 6까지의 숫자를 주사위 눈의 수라고 하면

$S=\{$(앞,1), (앞,2), (앞,3), (앞,4), (앞,5), (앞,6),
(뒤,1), (뒤,2), (뒤,3), (뒤,4), (뒤,5), (뒤,6)$\}$

③ $S=\{2, 3, 4, 5, 6, 7, 8, 9, 10, 11, 12\}$

④ $S=\{A^+,\ A^0,\ A^-,\ B^+,\ B^0,\ B^-,\ C^+,\ C^0,\ C^-,\ D^+,\ D^0,\ D^-,\ F\}$

2. ① T

② F : $(A\cap B)\cup(A\cap B^c)=A$

③ F : 상호배반사건은 극단적인 종속사건이다($\because$ 한 사건이 일어나면 다른 사건은 절대 일어날 수 없다).

④ T

3. 고전적 이론

4. ① → 2.

② → 6.

③ → 4.

5. $P(B)=0$이라는 의미는 사건 B가 일어날 수 없다는 의미이기 때문에 일어날 수 없는 사건을 조건으로 하는 사건 A에 대한 확률, $P(A|B)$은 정의할 수 없다. $P(B)=0$의 경우, 조건부 확률의 정의를 이용해서 확률을 정할 수 없다(예 : 내일 서쪽에서 해가 뜬다면, 나의 통계학 점수는 100점이다).

6. $P(A \cup B) = P(A) + P(B) - P(A \cap B)$의 사실로부터 $P(A \cup B)$이 최대가 되는 경우는 $P(A \cap B)$가 0인 경우이다.

7. 만일 사건 A가 공사건이 아니라면, $P(A \cup B)$은 0이 될 수 없으며, 마찬가지로 사건 B가 공사건이 아니라면, $P(A \cup B)$은 0이 될 수 없다. 따라서 $P(A \cup B) = 0$이 성립하려면 사건 A와 B 모두는 반드시 공사건이 되어야 한다.

8. 사건 A, B가 상호배반사건이면, $P(A \cap B)$은 0이므로 사건 A나 B의 확률에 관계없이 $P(A|B)$은 항상 0이다. 다른 말로 표현하면 사건 B가 일어난 경우, 사건 A는 일어날 수 없으므로 $P(A|B) = 0$이다.

9. 사건 A, B가 독립이므로 $P(A \cap B) = P(A) \times P(B) = 0.1$이다.
따라서 $P(A \cup B) = P(A) + P(B) - P(A \cap B)$의 사실로부터
$P(A \cup B) = 0.2 + 0.5 - 0.1 = 0.6$이 된다.

10. ① $P(A|B) = P(A) = 0.45$
② $P(A \cap B) = P(A) \times P(B) = 0.225$
③ $P(A \cup B) = P(A) + P(B) - P(A \cap B) = 0.45 + 0.5 - 0.225 = 0.725$

11. ① 총 가지 수 : $\binom{6}{2} = \binom{6}{4} = \frac{6!}{4!\,2!} = 15$(가지)

두 번째 다이아몬드가 4번째 나와야 하므로 첫 번째 다이아몬드가 3번째 이전에 나오는 총 가지 수는 $\binom{3}{1} = 3$(가지)가 되어 정답은 $\frac{3}{15} = \frac{1}{5}$이 된다.

② 마지막으로 뽑은 카드는 반드시 다이아몬드이어야 하므로

두 장으로 다이아몬드를 모두 찾는 가지 수 : $\binom{1}{1} = 1$(가지)

세 장으로 다이아몬드를 모두 찾는 가지 수 : $\binom{2}{1} = 2$(가지)

따라서 가지 수를 합하면 3가지가 되므로 이에 대한 확률은 $\frac{3}{15} = \frac{1}{5}$이 된다.

12. ① 3번째 타수까지에서 한 번의 안타가 있어야 하고 4번째 타수에서 반드시 안타를 쳐야 한다. 그런데 3번째 타수까지에서 한 번의 안타를 치고, 그 안타가 첫 번째 타수에서 발생할 확률은 $\frac{1}{3}\times\frac{2}{3}\times\frac{2}{3}=\frac{4}{27}$ 이며, 이러한 경우가 $\binom{3}{1}=3$가지 있으므로 결국 3번째 타수까지 한 번의 안타를 칠 확률은 $\frac{4}{9}$가 된다. 여기서 다시 4번째 타수에서 안타를 쳐야하므로 안타를 칠 확률 $\frac{1}{3}$을 곱하면 문제에 대한 확률은 $\frac{4}{9}\times\frac{1}{3}=\frac{4}{27}$ 가 된다.

② 3번째 타수에서 두 번 이상 안타를 칠 확률을 계산하면 된다. 우선 두 번 안타를 칠 확률은 다음과 같다. 만일 처음에 안타를 치지 못하고 나머지 두 번 안타를 쳤다면 확률은 $\frac{2}{3}\times\frac{1}{3}\times\frac{1}{3}=\frac{2}{27}$가 되며, 이러한 경우가 $\binom{3}{2}=3$가지 있으므로 확률은 $\frac{6}{27}$이 된다. 그리고, 세 번의 안타를 칠 확률은 $\frac{1}{3}\times\frac{1}{3}\times\frac{1}{3}=\frac{1}{27}$이므로 문제에 대한 답은 이 두 확률을 더한 값 즉, $\frac{7}{27}$이 된다.

③ 11번 문제는 첫 번째 뽑은 카드가 다이아몬드인지 또는 스페이드인지의 결과에 따라서 두 번째 카드가 다이아몬드가 될 확률이 변하는 (즉, 두 사건이 서로 종속되어 있는) 비복원추출의 경우이다. 반면에 12번 문제는 첫 번째 타수에서 안타를 친 결과와는 관계 없이 두 번째 타수에서 안타를 칠 확률이 $\frac{1}{3}$로 유지되는 (즉, 두 사건이 서로 독립적인) 복원추출의 개념을 가진 경우이다.

13. <사건의 정의>

A : A팀이 이기는 사건

B : B팀이 이기는 사건

<문제에서 제공된 확률>

$P(A)=\frac{1}{4},\ \ P(B)=\frac{3}{4}$

① B팀이 우승할 수 있는 경우는 다음의 4가지이다.

첫째, B팀이 처음 4경기를 연속적으로 이길 경우로 이 경우의 확률은 $(\frac{3}{4})^4=0.3164$

둘째, B팀이 처음 4경기중 3경기를 이기고 다섯 번째 경기를 이기는 경우로 이 경우의 확률은 $\binom{4}{3}\times(\frac{3}{4})^3\times(\frac{1}{4})^1\times\frac{3}{4}=0.3164$

셋째, B팀이 처음 5경기중 3경기를 이기고 여섯 번째 경기를 이기는 경우로 이 경우

의 확률은 $\binom{5}{3}\times(\frac{3}{4})^3\times(\frac{1}{4})^2\times\frac{3}{4}=0.1978$

넷째, B팀이 처음 6경기중 3경기를 이기고 일곱 번째 경기를 이기는 경우로 이 경우

의 확률은 $\binom{6}{3}\times(\frac{3}{4})^3\times(\frac{1}{4})^3\times\frac{3}{4}=0.0989$

따라서 B팀이 우승할 확률은 0.3164+0.3164+0.1978+0.0989 = 0.9295이다.

② 우승팀을 결정하기 위하여 7번까지 경기를 하는 경우는 A팀과 B팀 모두 6번째 경기까지 3경기씩 이길 경우이므로 이 확률은 $\binom{6}{3}\times(\frac{3}{4})^3\times(\frac{1}{4})^3=0.1318$이다.

14. ① $0.1\times0.1\times0.1=0.001$

② 적어도 하나가 불량품일 확률은 전체 확률 1에서 3개 모두 양품일 확률($0.9\times0.9\times0.9=0.729$)을 빼주면 된다. 즉 구하는 확률은 $1-0.729=0.271$이다.

15. ① $\frac{50}{150}=\frac{1}{3}$

② $\frac{90}{100}=0.9$

③ TV를 살 확률 : $\frac{100}{150}=\frac{2}{3}$, 분할불로 지급할 확률 : $\frac{120}{150}=\frac{4}{5}$

TV를 사서 분할불로 지급할 확률 : $\frac{90}{150}=\frac{3}{5}\left(\neq\frac{2}{3}\times\frac{4}{5}=\frac{6}{15}\right)$

따라서 TV를 사서 분할불로 지급할 확률이 두 사건이 일어날 확률의 곱과 같지 않으므로 두 사건은 독립사건이 아니다.

16. <사건의 정의>

M : 남학생인 사건, B : 복학생인 사건

<문제에서 제공된 확률>

$P(M)=0.75,\ P(B)=0.30,\ P(M\cap B)=0.25$

① $P(M^c)=1-0.75=0.25$

② $P(B^c)=1-0.30=0.70$

③ $P(M^c \cap B^c) = P(M \cup B)^c = 1 - P(M \cup B)$이며
$P(M \cup B) = P(M) + P(B) - P(M \cap B) = 0.75 + 0.30 - 0.25 = 0.80$이다.
따라서 문제의 답은 $P(M^c \cap B^c) = 1 - 0.80 = 0.20$이다.

④ $P(M^c \cup B) = P(M^c) + P(B) - P(M^c \cap B)$이다. 그런데
$P(B) = P(M \cap B) + P(M^c \cap B)$로부터
$P(M^c \cap B) = P(B) - P(M \cap B) = 0.30 - 0.25 = 0.05$ 이다. 따라서
$P(M^c \cup B) = P(M^c) + P(B) - P(M^c \cap B) = 0.25 + 0.30 - 0.05 = 0.50$이다.

17. <사건의 정의>

M : 구독자가 남자인 사건
B_1 : 구독자가 25세 이하인 사건
B_2 : 구독자가 26세에서 45세 이하인 사건
B_3 : 구독자가 46세 이상인 사건

<문제에서 제공된 확률>

$P(M) = 0.55,\ P(B_1) = 0.25,\ P(B_3) = 0.25,$
$P(M \cap B_1) = 0.12,\ P(M^c \cap B_2) = 0.23,$

① 여기서 문제는$P(M^c \cap B_1)$을 계산하는 것으로
$P(M^c \cap B_1) = P(B_1) - P(M \cap B_1)$이다.
따라서 문제의 답은 $P(M^c \cap B_1) = 0.25 - 0.12 = 0.13$이 된다.

② 여기서 문제는 $P(M \cup B_1^c)$을 계산하는 것으로
$P(M \cup B_1^c) = P(M) + P(B_1^c) - P(M \cap B_1^c)$이다. 그런데
$P(M \cap B_1^c) = P(M) - P(M \cap B_1) = 0.55 - 0.12 = 0.43$이다.
따라서 문제의 답은 $P(M \cup B_1^c) = 0.55 + (1 - 0.25) - 0.43 = 0.87$이 된다.

③ 이 문제는 $P(B_3|M^c)$에 대한 확률을 계산하는 것으로
$P(M^c) = P(M^c \cap B_1) + P(M^c \cap B_2) + P(M^c \cap B_3) = 0.45$의 사실로부터
$P(M^c \cap B_3) = 0.45 - 0.13 - 0.23 = 0.09$가 된다.
따라서 조건부 확률의 정의로부터

$$P(B_3|M^c) = \frac{P(M^c \cap B_3)}{P(M^c)} = \frac{0.09}{0.45} = \frac{1}{5} = 0.2$$가 된다.

④ $P(M\cap B_1)=0.12$이고

$P(M)\times P(B_1)=0.55\times 0.25=0.1375$이다. 따라서

$P(M\cap B_1)=P(M)\times P(B_1)$의 관계가 성립하지 않으므로 두 사건은 독립이 아니다.

18. <사건의 정의>

S : 담배를 피우는 사건

L : 폐암에 걸리는 사건

<문제에서 제공된 확률>

$P(S)=0.40,\ P(L)=0.20,\ P(S|L)=0.75$

① 여기서 문제는$P(S^c\cap L^c)$을 계산하는 것으로

$P(S^c\cap L^c)=P(S\cup L)^c=1-P(S\cup L)$이다.

그런데 $P(S\cap L)=P(S|L)\times P(L)=0.75\times 0.20=0.15$ 이므로

$P(S\cup L)=P(S)+P(L)-P(S\cap L)=0.40+0.20-0.15=0.45$이다.

따라서 $P(S^c\cap L^c)=1-P(S\cup L)=1-0.45=0.55$이다.

② 이 문제는 $P(S\cup L^c)$에 대한 확률을 계산하는 것으로

$P(S\cap L^c)=P(S)-P(S\cap L)=0.40-0.15=0.25$로부터

$P(S\cup L^c)=P(S)+P(L^c)-P(S\cap L^c)=0.40+0.80-0.25=0.95$가 된다.

③ 이 문제는 $P(L|S^c)$에 대한 확률을 계산하는 것으로

$P(L\cap S^c)=P(L)-P(L\cap S)=0.20-0.15=0.05$로부터

$$P(L|S^c)=\frac{P(L\cap S^c)}{P(S^c)}=\frac{0.05}{0.60}=\frac{1}{12}=0.083\text{이다.}$$

19. <사건의 정의>

W : 종업원이 여성인 사건

N : 종업원이 노조원인 사건

<문제에서 제공된 확률>

$P(W)=0.37,\ P(W\cap N^c)=0.25,\ P(W^c\cap N)=0.21$

① 여기서 문제는 $P(W^c\cap N^c)$을 계산하는 것으로

$P(W^c)=P(W^c\cap N^c)+P(W^c\cap N)$로부터

$P(W^c\cap N^c)=P(W^c)-P(W^c\cap N)=0.63-0.21=0.42$가 된다.

② 이 문제는 $P(N|W)$에 대한 확률을 계산하는 것으로

$P(W\cap N) = P(W) - P(W\cap N^c) = 0.37 - 0.25 = 0.12$로부터

$P(N|W) = \dfrac{P(W\cap N)}{P(W)} = \dfrac{0.12}{0.37} = \dfrac{12}{37} = 0.324$이다.

③ $P(N) = P(W\cap N) + P(W^c \cap N) = 0.12 + 0.21 = 0.33$이므로
$P(N) \neq P(N|W)$이다. 따라서 성별과 노조가입 여부는 서로 독립이 아니다. (또는 $P(N\cap W) \neq P(N)\times P(W)$이므로 성별과 노조가입 여부는 서로 독립이 아니다.)

<참고> 15번에서 19번까지의 문제는 통계분할표(contingency table)를 이용하면 보다 쉽게(식을 직접 이용하지 않고도) 해결할 수 있다.
예를 들어, 18번의 문제를 다시 생각해 보자. 문제에서 주어진 정보를 이용하면 다음과 같은 분할표를 만들 수 있다. 여기서 S와 S^c, L과 L^c는 상호배반사건으로 표본공간의 분할이다.

	L	L^c	
S	ⓐ	ⓑ	40(명)
S^c	ⓒ	ⓓ	ⓔ
	20(명)	ⓕ	

우선 전체가 100(명)이므로 ⓔ는 60(명)이고, ⓕ는 80(명)임을 알 수 있다. 그리고 문제에서 폐암을 앓고 있는 사람중에 75%가 담배를 피운다고 했으므로 ⓐ는 $20\times 0.75 = 15$(명)이다. 따라서 ⓑ는 40 − ⓐ = 25(명)이 된다. 그리고 ⓒ는 20 − ⓐ = 5(명)이 된다. 나머지 ⓓ는 전체 100(명)에서 ⓐ, ⓑ, ⓒ를 뺀 값이므로 55(명)이 된다(물론, ⓓ = ⓔ − ⓒ 또는 ⓓ = ⓕ − ⓑ로 계산해도 동일한 결과를 보인다).
이제 요구된 문제를 보자.

① ⓓ의 확률을 구하는 것으로 $\dfrac{55}{100} = 0.55$이다.

② ⓐ+ⓑ+ⓓ의 확률을 구하는 것으로 $\dfrac{15+25+55}{100} = \dfrac{95}{100} = 0.95$이다.

③ $P(L \mid S^c)$을 구하는 것으로 $\dfrac{ⓒ}{ⓔ} = \dfrac{5}{60} = 0.083$이다.

통계분할표를 이용한 위의 결과는 식을 이용하여 계산한 결과와 동일함을 확인할 수 있다.

20. 표본공간 $S=\{$(앞, 앞), (앞, 뒤), (뒤, 앞), (뒤, 뒤)$\}$이며
사건 $A=\{$(앞, 뒤), (뒤, 앞)$\}$이고, 사건 $B=\{$(앞, 뒤)$\}$이다.
따라서 $P(A)=\frac{1}{2}$, $P(B)=\frac{1}{4}$, $P(A\cap B)=\frac{1}{4}$이다.
$P(A\cap B)=P(A)\times P(B)$의 관계가 성립하지 않으므로 두 사건은 독립이 아니다.

21. <사건의 정의>

S : 속도를 위반하는 사건

T : 교통경찰에 걸리는 사건

<문제에서 제공된 확률>

$P(S\cap T)=0.1$, $P(T^c\mid S)=0.2$

여기서 문제는 $P(S)$를 구하는 것으로 전확률 정리에 의해

$$\begin{aligned} P(S) &= P(S\cap T)+P(S\cap T^c) \\ &= P(S\cap T)+P(T^c\mid S)\times P(S) \\ &= 0.1+0.2\times P(S) \end{aligned}$$

따라서 $0.8\times P(S)=0.1$로부터 $P(S)=\frac{1}{8}=0.125$이다.

22. <사건의 정의>

R : 비가 오는 사건

F : 비가 올 것이라고 예측하는 사건

<문제에서 제공된 확률>

$P(R)=0.15$, $P(R^c)=0.85$, $P(F^c|R)=0.20$, $P(F|R^c)=0.10$

여기서 문제는 $P(R^c|F)$을 계산하는 것으로 베이즈 정리를 이용하면 된다.

$$\begin{aligned} P(F) &= P(F\cap R)+P(F\cap R^c) \\ &= P(F|R)\times P(R)+P(F|R^c)\times P(R^c) \\ &= 0.8\times 0.15+0.1\times 0.85=0.12+0.085=0.205 \end{aligned}$$

$P(F\cap R^c)=P(F|R^c)\times P(R^c)=0.085$이므로

$$P(R^c|F)=\frac{P(R^c\cap F)}{P(F)}=\frac{0.085}{0.205}=\frac{17}{41}=0.415$$이다.

23. <사건의 정의>

C : 암에 걸리는 사건

T : 암의 조기진단 검사에서 양성반응이 나타나는 사건

<문제에서 제공된 확률>

$P(C)=0.007,\ P(T|C)=0.98,\ P(T^c|C^c)=0.96$

여기서 문제는 $P(C|T)$을 계산하는 것으로 베이즈 정리를 이용하면 된다.

$$P(T)=P(T\cap C)+P(T\cap C^c)$$
$$=P(T|C)\times P(C)+P(T|C^c)\times P(C^c)$$
$$=0.98\times 0.007+0.04\times 0.993=0.00686+0.03972=0.04658$$

$P(T\cap C)=P(T|C)\times P(C)=0.00686$이므로

$P(C|T)=\dfrac{P(C\cap T)}{P(T)}=\dfrac{0.00686}{0.04658}=\dfrac{343}{2329}=0.1473$이다.

24. <사건의 정의>

J : 재수경험이 있는 사건

A : A학점을 받는 사건

<문제에서 제공된 확률>

$P(J)=0.6,\ P(J^c)=0.4,\ P(A|J^c)=0.2,\ P(A|J)=0.3$

여기서 문제는 $P(J|A)$을 계산하는 것으로 베이즈 정리를 이용하면 된다.

$$P(A)=P(A\cap J)+P(A\cap J^c)$$
$$=P(A|J)\times P(J)+P(A|J^c)\times P(J^c)$$
$$=0.3\times 0.6+0.2\times 0.4=0.18+0.08=0.26$$

$P(A\cap J)=P(A|J)\times P(J)=0.18$ 이므로

$P(J|A)=\dfrac{P(J\cap A)}{P(A)}=\dfrac{0.18}{0.26}=\dfrac{9}{13}=0.692$이다.

25. <사건의 정의>

G_1 : 탐사지역이 제1형의 지층인 사건

G_2 : 탐사지역이 제2형의 지층인 사건

G_3 : 탐사지역이 제3형의 지층인 사건

O : 원유가 발견된 사건

<문제에서 제공된 확률>

$P(G_1)=0.40,\ P(G_2)=0.35,\ P(G_3)=0.25$

$P(O|G_1)=0.20,\ P(O|G_2)=0.40,\ P(O|G_3)=0.50$

① 여기서 문제는 $P(G_1 \cup G_2|O)$을 계산하는 것으로 제3형 지층에서 나올 확률을 계산하여 전체 확률 1에서 그 값을 빼주는, 즉, $1-P(G_3|O)$로 계산하면 간단하다. 따라서 문제는 $P(G_3|O)$을 계산하는 것으로 베이즈 정리를 이용하면 된다.

$$\begin{aligned} P(O) &= P(O\cap G_1)+P(O\cap G_2)+P(O\cap G_3) \\ &= P(O|G_1)\times P(G_1)+P(O|G_2)\times P(G_2)+P(O|G_3)\times P(G_3) \\ &= 0.2\times 0.4+0.4\times 0.35+0.5\times 0.25=0.08+0.14+0.125=0.345 \end{aligned}$$

$P(O\cap G_3)=P(O|G_3)\times P(G_3)=0.125$이므로

$P(G_3|O)=\dfrac{P(G_3\cap O)}{P(O)}=\dfrac{0.125}{0.345}=\dfrac{25}{69}=0.362$이다.

따라서 $P(G_1\cup G_2|O)=1-\dfrac{25}{69}=\dfrac{44}{69}=0.638$이다.

② 여기서 문제는 $P(G_3|O^c)$을 계산하는 것으로 베이즈 정리를 이용하면 된다.

①의 결과로부터 $P(O^c)=1-P(O)=1-0.345=0.655$이고

$P(O^c\cap G_3)=P(O^c|G_3)\times P(G_3)=0.5\times 0.25=0.125$이므로

$P(G_3|O^c)=\dfrac{P(G_3\cap O^c)}{P(O^c)}=\dfrac{0.125}{0.655}=\dfrac{25}{131}=0.191$이 된다.

③ 기대이익은 다음과 같은 식에 의하여 계산된다.

(기대이익)=(원유가 나올 확률)×(순이익)−(원유가 나오지 않을 확률)×(순손실).

따라서, 제1형의 지층에서는 다음과 같은 기대이익이 발생한다.

(제1형 지층의 기대이익) $=0.2\times 15$억 -0.8×7억 $=3$억 -5.6억 $=-2.6$억

제2형의 지층에서는 다음과 같은 기대이익이 발생한다.

(제2형 지층의 기대이익) $=0.4\times 15$억 -0.6×7억 $=6$억 -4.2억 $=1.8$억

제3형의 지층에서는 다음과 같은 기대이익이 발생한다.

(제3형 지층의 기대이익) $=0.5\times 15$억 -0.5×7억 $=7.5$억 -3.5억 $=4$억

그런데 이 개발사업의 기대이익은 각 지층에서의 기대이익과 각 지층이 탐사지역 아래에 있을 확률을 곱한 값을 모두 더한 것으로,

-2.6억 $\times 0.4+1.8$억 $\times 0.35+4$억 $\times 0.25=-1.04$억 $+0.63$억 $+1$억 $=0.59$억 이

다. 따라서 이 개발사업의 기대이익은 0.59억(원)이다.

26. <사건의 정의>

J : 피의자가 실제로 죄가 있는 사건

G : 유죄 판결을 내리는 사건

<문제에서 제공된 확률>

$P(J^c)=0.10,\ P(G|J)=0.80,\ P(G|J^c)=0.05$

여기서 문제는 $P(J^c|G)$을 계산하는 것으로 베이즈 정리를 이용하면 된다.

$$\begin{aligned}P(G)&=P(G\cap J)+P(G\cap J^c)\\&=P(G|J)\times P(J)+P(G|J^c)\times P(J^c)\\&=0.8\times 0.9+0.05\times 0.1=0.72+0.005=0.725\end{aligned}$$

$P(G\cap J^c)=P(G|J^c)\times P(J^c)=0.005$이므로

$P(J^c|G)=\dfrac{P(J^c\cap G)}{P(G)}=\dfrac{0.005}{0.725}=\dfrac{1}{145}=0.0069$이다.

알기쉬운 통계학

제5장 연습문제

1. 확률변수 X를 정당 A를 지지하는 유권자의 수라 하면, x명이 지지할 확률은

$P(X=x)=\binom{3}{x}(0.6)^x(0.4)^{3-x}$로 표현할 수 있다.

따라서 확률은 다음과 같이 계산된다.

$$P(X=0)=\binom{3}{0}(0.6)^0(0.4)^3=0.064$$

$$P(X=1)=\binom{3}{1}(0.6)^1(0.4)^2=0.288$$

$$P(X=2)=\binom{3}{2}(0.6)^2(0.4)^1=0.432$$

$$P(X=3)=\binom{3}{3}(0.6)^3(0.4)^0=0.216$$

이를 확률분포표로 나타내면 다음과 같다.

x	0	1	2	3
$p(x)$	0.064	0.288	0.432	0.216

(**참고** : 이 문제는 제6장에서 소개되는 이항분포에 관한 문제로서 확률변수X는 $p=0.6$이고 $n=3$인 이항분포 즉, $X\sim B(3,0.6)$을 따른다.)

2. 확률변수 X를 여자위원의 수라 하자. 그러면 15명 중에서 4명의 위원이 선출될 총 가지수는 $\binom{15}{4}$이고, x명이 여자위원으로 뽑힐 가지수는 $\binom{5}{x}\times\binom{10}{4-x}$이다. 따라서 4명의 위원중 x명이 여자일 확률은 다음과 같이 나타낼 수 있다.

$$P(X=x)=\frac{\binom{5}{x}\times\binom{10}{4-x}}{\binom{15}{4}}$$

따라서 확률은 다음과 같이 계산된다.

$$P(X=0)=\frac{\binom{5}{0}\times\binom{10}{4}}{\binom{15}{4}}=\frac{210}{1365}=\frac{2}{13}=0.154$$

$$P(X=1)=\frac{\binom{5}{1}\times\binom{10}{3}}{\binom{15}{4}}=\frac{600}{1365}=\frac{40}{91}=0.440$$

$$P(X=2)=\frac{\binom{5}{2}\times\binom{10}{2}}{\binom{15}{4}}=\frac{450}{1365}=\frac{30}{91}=0.330$$

$$P(X=3)=\frac{\binom{5}{3}\times\binom{10}{1}}{\binom{15}{4}}=\frac{100}{1365}=\frac{20}{273}=0.073$$

$$P(X=4)=\frac{\binom{5}{4}\times\binom{10}{0}}{\binom{15}{4}}=\frac{5}{1365}=\frac{1}{273}=0.003$$

이를 확률분포표로 나타내면 다음과 같다.

x	0	1	2	3	4
$p(x)$	0.154	0.440	0.330	0.073	0.003

(참고 : 이 문제는 제6장에서 소개되는 초기하분포에 관한 문제이다.)

3. ① 확률변수X의 기대값 :

$E(X)=0\times0.72+1\times0.17+2\times0.06+3\times0.04+4\times0.01=0.45$

② 확률변수X^2의 기대값 $E(X^2)$은

$0^2\times0.72+1^2\times0.17+2^2\times0.06+3^2\times0.04+4^2\times0.01=0.93$이다.

따라서 확률변수X의 분산 :

$Var(X)=E(X^2)-[(E(X)]^2=0.93-0.45^2=0.7275$

③ 확률변수X의 최빈값 : 0(가장 확률이 높은 값)

④ 확률변수X의 범위 : (최대값)−(최소값)$=4-0=4$

4. ① ⓐ 0.1 ⓑ 0.2 ⓒ 0.2 ⓓ 0.2

② 다음의 관계로부터 조건부 확률분포표를 만들 수 있다.

$$P(X=x \mid Y=10) = \frac{P(X=x,\ Y=10)}{P(Y=10)} = P(X=x,\ Y=10) \times 2$$

x	0	10	20
$p(x \mid Y=10)$	0.2	0.4	0.4

③ $E(X) = 0 \times 0.2 + 10 \times 0.4 + 20 \times 0.4 = 12$

$E(Y) = 0 \times 0.5 + 10 \times 0.5 = 5$이다.

따라서 $E(X+3Y) = E(X) + 3E(Y) = 12 + 3 \times 5 = 27$이다.

$E(Y^2) = 0^2 \times 0.5 + 10^2 \times 0.5 = 50$으로부터

$Var(Y) = E(Y^2) - [E(Y)]^2 = 50 - 5^2 = 25$이므로

$Var(10-2Y) = 2^2 Var(Y) = 4 \times 25 = 100$이다.

④ $E(XY) = 10 \times 10 \times 0.2 + 20 \times 10 \times 0.2 = 60$으로부터

$Cov(X, Y) = E(XY) - E(X)E(Y) = 60 - 12 \times 5 = 0$이다.

따라서 $Corr(X, Y) = \dfrac{Cov(X, Y)}{\sqrt{Var(X) \times Var(Y)}} = 0$이 된다.

상관계수는 두 확률변수간 선형관계의 방향과 강도를 측정하는 수치로 -1에서 1 사이의 값을 갖는다. 이 경우는 상관계수가 0이므로 두 확률변수간에는 선형관계가 없다는 의미이다. 하지만 상관관계가 없다고 해서 두 변수가 서로 독립이라는 의미는 아니다.

5. ① $c \ge 0$이며 $\int_0^2 cx dx = \left[\frac{1}{2}cx^2\right]_0^2 = 2c = 1$이 되어야 하므로 $\frac{c=1}{2}$이다.

② 누적분포함수는 x값이 0보다 적을 경우는 누적확률이 0의 값을 갖고 x값이 2보다 클 경우는 누적확률이 1이 된다. 따라서 x값이 0에서 2 사이의 값을 갖는 경우만 고려하면 된다. x값이 0에서 2 사이의 값을 갖는 경우의 누적확률은 다음과 같다.

$$\int_0^x \frac{1}{2} t dt = \left[\frac{1}{4}t^2\right]_0^x = \frac{1}{4}x^2.$$

따라서 누적분포함수를 정리하면 다음과 같다.

$$F(x) = \begin{cases} 0, & x \le 0 \\ \dfrac{x^2}{4}, & 0 \le x \le 2 \\ 1, & x \ge 2 \end{cases}$$

6. 그림에서 보이는 삼각형의 면적$\left(= \frac{1}{2} \times \text{밑변길이} \times \text{높이}\right)$을 계산하여 보면,

면적$= \frac{1}{2} \times 8 \times c = 4c = 1$이 되어야 하므로 $c = \frac{1}{4}$이다.

이제 주어진 문제는 두 가지 방법으로 해결할 수 있다.

<방법 1> $x \leq 10$과 $x \geq 18$ 경우에는 확률밀도함수값이 0이 되며, $10 \leq x \leq 12$ 경우의 직선방정식, 그리고 $12 \leq x \leq 18$ 경우의 직선방정식을 계산하면 다음과 같다.

$$f(x) = \begin{cases} -\frac{5}{4} + \frac{x}{8}, & 10 \leq x \leq 12 \\ \frac{3}{4} - \frac{x}{24}, & 12 \leq x \leq 18 \\ 0, & x \leq 10 \text{ 또는 } x \geq 18 \end{cases}$$

① 15주를 초과하여 프로젝트를 완성할 확률을 계산하면 다음과 같다.

$$P(X > 15) = \int_{15}^{\infty} f(x)dx = \int_{15}^{18} \frac{3}{4} - \frac{x}{24} dx = \frac{3}{4}x - \frac{x^2}{48}\Big|_{15}^{18}$$

$$= \frac{3}{4}(18-15) - \frac{1}{48}(18^2 - 15^2)\Big|_{15}^{18} = \frac{9}{4} - \frac{99}{48} = \frac{3}{16}$$

② 12주 이내에 프로젝트를 완성할 확률을 계산하면 다음과 같다.

$$P(X \leq 12) = \int_{-\infty}^{12} f(x)dx = \int_{10}^{12} -\frac{5}{4} + \frac{x}{8} dx = -\frac{5}{4}x + \frac{x^2}{16}\Big|_{10}^{12}$$

$$-\frac{5}{4}(12-10) + \frac{1}{16}(12^2 - 10^2) = -\frac{10}{4} + \frac{44}{16} = \frac{1}{4}$$

따라서 확률 1/4을 가지고 B원의 보상을 받을 수 있으며 확률 3/16을 가지고 A원의 벌금을 지불할 가능성이 있다. 나머지 확률 9/16로는 보상이나 벌금을 받지 않으므로 다음과 같이 벌금에 대한 기대값을 계산할 수 있다.

$$\text{벌금에 대한 기대값} = \frac{3}{16}A - \frac{1}{4}B$$

<방법 2>

$f(x)$를 직접 구하여 적분하지 않고 삼각형의 면적을 이용하여 해결하는 방법이다.

① 프로젝트 완성시간이 15주를 초과할 확률은 밑변의 길이가 3이고 높이가 $\frac{1}{8}$인 삼각형의 면적이다. (삼각형의 닮은 꼴을 이용)

따라서 구하는 확률은 $\frac{1}{2}\times 3\times\frac{1}{8}=\frac{3}{16}$이다.

② 프로젝트를 12주 이내에 완성할 확률은 밑변의 길이가 2이고 높이가 $\frac{1}{4}$인 삼각형의 면적이다. 따라서 프로젝트를 12주 이내에 완성할 확률은 $\frac{1}{2}\times 2\times\frac{1}{4}=\frac{1}{4}$이다.

따라서 벌금에 대한 기대값 $=\frac{3}{16}A-\frac{1}{4}B$이다.

<방법 1>과 <방법 2>는 동일한 결과를 보임을 알 수 있다.

7. $p(x)$가 확률함수가 되기 위해서는 우선 모든 x에 대하여 $0\le p(x)\le 1$이어야 한다. 문제에서 주어진 함수와 X가 취하는 값을 보면 이 조건을 만족함을 확인할 수 있다. 두 번째 조건으로는 $\sum_{\text{모든 } x} p(x)=1$이다. 이 조건을 조사하여 보면

$\sum_{\text{모든 } x} p(x)=\frac{0^2}{46}+\frac{1^2}{46}+\frac{2^2}{46}+\frac{3^2}{46}+\frac{4^2}{46}+\frac{5^2}{46}=\frac{55}{46}\neq 1$로 $p(x)$는 확률함수의 두 번째 조건을 만족하지 못한다. 따라서 $p(x)$는 확률함수가 아니다.

8. $p(x)$가 확률함수 조건을 만족하기 위해서는 모든 x에 대하여 $0\le p(x)\le 1$이어야 하므로 $0\le K\le x^2+5$, 즉, $0\le K\le 9$이어야 한다. 또한 확률함수 값의 합이 1이 되어야 하므로

$$\sum_{\text{모든 } x} p(x)=\frac{K}{1^2+5}+\frac{K}{2^2+5}=\frac{5}{18}K=1$$

따라서 K값은 $\frac{18}{5}$이 되어야 한다.

9. $E(X)=0\times 0.1+1\times 0.2+2\times 0.3+5\times 0.3+7\times 0.1=3$

$E(X^{2})=0^2\times 0.1+1^2\times 0.2+2^2\times 0.3+5^2\times 0.3+7^2\times 0.1=13.8$의 사실로부터

$E(X)=3,\ E(2X)=2\times E(X)=6$

$E(2X-1)^2=E(4X^2-4X+1)=4E(X^2)-4E(X)+1$

$\qquad=4\times 13.8-4\times 3+1=44.2$

10. $Y=\frac{1}{3}X_1+\frac{2}{3}X_2+2X_3$의 관계로부터

$$E(Y)=E\left(\frac{1}{3}X_1+\frac{2}{3}X_2+2X_3\right)=\frac{1}{3}E(X_1)+\frac{2}{3}E(X_2)+2E(X_3)$$

$$=\frac{1}{3}\times 20+\frac{2}{3}\times 16+2\times 25=\frac{202}{3}=67.33$$

$$Var(Y)=Var\left(\frac{1}{3}X_1+\frac{2}{3}X_2+2X_3\right)$$

$$=\left(\frac{1}{3}\right)^2 Var(X_1)+\left(\frac{2}{3}\right)^2 Var(X_2)+2^2\,Var(X_3)$$

$$=\left(\frac{1}{3}\right)^2\times 5+\left(\frac{2}{3}\right)^2\times 9+2^2\times 7=\frac{293}{9}=32.56$$

11. 2번의 문제에서 $X=2$일 경우의 확률이다. 즉, 확률변수 X를 여자위원의 수라 하자. 그러면 15명 중에서 4명의 위원이 선출될 총 가지수는 $\binom{15}{4}$이고, 2명이 여자위원으로 뽑힐 가지수는 $\binom{5}{2}\times\binom{10}{2}$ 이다. 따라서 구하고자 하는 확률은 다음과 같이 나타낼 수 있다.

$$P(X=2)=\frac{\binom{5}{2}\times\binom{10}{2}}{\binom{15}{4}}=\frac{450}{1365}=\frac{30}{91}=0.330$$

여기서 확률변수 X는 여자위원의 수로서 처음에 뽑힌 위원의 성별에 따라 두 번째 위원이 여자일 확률은 달라진다. 예를 들어, 처음에 여자위원이 뽑히는 경우 두 번째 이후에 여자위원이 뽑힐 확률은 달라지게 된다. 즉, 이 문제는 비복원추출일 경우의 확률계산 문제로서 앞의 결과가 뒤의 결과에 영향을 미치는 문제라고 할 수 있다. 이러한 분포는 제6장에서 초기하분포로 소개된다.

12. 확률변수 X를 게임당 득점수라고 하면,

① $E(X)=0\times 0.6+1\times 0.2+2\times 0.1+3\times 0.06+4\times 0.03+5\times 0.01=0.75$
따라서 게임당 평균득점수는 0.75이다.

② 게임당 받는 수입은 문제로부터 50(만원) + 30(만원) × X으로 계산된다.
따라서 게임당 받는 평균수입은
$E(50+30\times X)=50+30E(X)=50+30\times 0.75=72.5$(만원)이다.

③ 득점수가 0인 경우의 확률이 0.6으로 그 가능성이 가장 높으므로 이에 해당하는 50만

원이 가장 가능성이 높은 수입이다.

13. 확률변수 X를 투자이익이라고 하면,

① 확률분포표는 다음과 같다.

x	100(만원)	50(만원)	−100(만원)
$p(x)$	0.3	0.5	0.2

$E(X) = 100 \times 0.3 + 50 \times 0.5 - 100 \times 0.2 = 35$(만원)

$E(X^2) = 100^2 \times 0.3 + 50^2 \times 0.5 + 100^2 \times 0.2 = 6250$(만원)^2

$Var(X) = E(X^2) - [E(X)]^2 = 6250 - 35^2 = 5025 = 70.89^2$(만원)^2

따라서 기대값은 35(만원)이고 표준편차는 $\sqrt{5025} = 70.89$(만원)이다.

② 경험에 의한 법칙에 따르면 투자이익의 약 95%는 평균±2배의 표준편차 범위내에 존재하므로 구하고자 하는 범위는 $(35-2\times70.89,\ 35+2\times70.89) = (-106.78,\ 176.78)$ 이다.

따라서 투자이익의 약 95%는 투자손실 106.78(만원)에서 투자이익 176.78(만원) 범위 내에 존재한다고 말할 수 있다.

14. ①

결합확률분포표

Y \ X	0	1	2	Y의 주변확률
2	1/4	0	0	1/4
5	0	1/2	0	1/2
8	0	0	1/4	1/4
X의 주변확률	1/4	1/2	1/4	1

② $X=1$인 경우 확률변수 Y는 반드시 5의 값을 가져야만 한다. 따라서 $P(Y=5 \mid X=1)$의 값은 1이 되어야 하고, 그 이외의 경우는 확률이 0이 된다. 이를 식으로 나타내면 다음과 같다.

$$p(y \mid X=1) = \begin{cases} 1, & y=5 \\ 0, & \text{그밖의 경우} \end{cases}$$

③ Y의 누적분포함수 $F(y)$는 $P(Y \le y)$로 정의되므로 결합확률분포표에서 얻은 Y의 주변확률분포로부터 다음과 같이 누적분포함수를 그래프로 나타낼 수 있다.

$$F(y) = \begin{cases} 0, & y < 2 \\ 1/4, & 2 \le y < 5 \\ 3/4, & 5 \le y < 8 \\ 1, & y \ge 8 \end{cases}$$

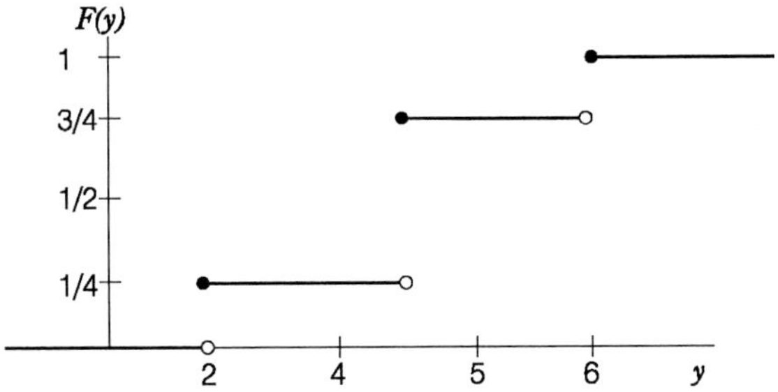

④ 확률변수 X와 Y의 관계는 직선의 관계(완전한 선형관계)에 있으므로 상관계수 $Corr(X,\ Y)$는 항상 1이 된다. 이를 확인하여 보면 다음과 같다.

$E(X) = 0 \times 1/4 + 1 \times 1/2 + 2 \times 1/4 = 1$

$E(X^2) = 0^2 \times 1/4 + 1^2 \times 1/2 + 2^2 \times 1/4 = 1.5$로부터

$Var(X) = E(X^2) - E(X)^2 = 1.5 - 1^2 = 0.5$이다.

또한 $E(Y) = E(3X+2) = 3E(X) + 2 = 5$

$Var(Y) = Var(3X+2) = 3^2\,Var(X) = 4.5$이다.

$E(XY) = 1 \times 5 \times 1/2 + 2 \times 8 \times 1/4 = 6.5$로부터

$Cov(X, Y) = E(XY) - E(X)E(Y) = 6.5 - 1 \times 5 = 1.5$이다.

상관계수의 정의로부터,

$Corr(X, Y) = \dfrac{Cov(X, Y)}{\sqrt{Var(X) \times Var(Y)}} = \dfrac{1.5}{\sqrt{0.5 \times 4.5}} = 1$이 됨을 확인할 수 있다.

15. 확률변수 X를 채권의 수익률, Y를 주식의 수익률이라고 하자.

① 안의 경우 :

$E(X) = 0.3 \times 0.3 + 0.2 \times 0.4 + 0.1 \times 0.3 = 0.2$

$E(X^2) = (0.3)^2 \times 0.3 + (0.2)^2 \times 0.4 + (0.1)^2 \times 0.3 = 0.046$

$Var(X) = E(X^2) - [E(X)]^2 = 0.046 - (0.2)^2 = 0.006$

따라서 수익률의 기대값은 0.2이고 분산은 0.006이다.

② 안의 경우 :

$E(Y) = 0.6 \times 0.3 + 0.3 \times 0.4 - 0.2 \times 0.3 = 0.24$

$E(Y^2) = (0.6)^2 \times 0.3 + (0.3)^2 \times 0.4 + (-0.2)^2 \times 0.3 = 0.156$

$Var(Y) = E(Y^2) - [E(Y)]^2 = 0.156 - (0.24)^2 = 0.0984$

따라서 수익률의 기대값은 0.24이고 분산은 0.0984이다.

③ 안의 경우 :

$E(0.5X + 0.5Y) = 0.5 \times E(X) + 0.5 \times E(Y)$

$= 0.5 \times (0.2) + 0.5 \times (0.24) = 0.22$

$Var(0.5X + 0.5Y) = (0.5)^2 \times Var(X) + (0.5)^2 \times Var(Y)$(∵X와 Y는 독립)

$= (0.5)^2 \times (0.006) + (0.5)^2 \times (0.0984) = 0.0261$

따라서 수익률의 기대값은 0.22, 분산은 0.0261이다.

16. 약정을 해지한 고객의 잔여 약정기간을 확률변수 X로 놓으면 $E(X) = 4$, $Var(X) = 4$ 이다.

① 36개월 약정고객 한 명을 유치했을 때의 수입을 Y로 놓으면

$Y = 30000(36 - X) = 1080000 - 30000X$이다.

따라서 $E(Y) = E(1080000 - 30000X)$

$= 1080000 - 30000E(X)$

$= 1080000 - 30000 \times 4 = 960,000$(원)

$Var(Y) = Var(1080000 - 30000X)$

$= 30000^2 \times Var(X) = 3,600,000,000$(원)^2

$\sigma_Y = \sqrt{Var(Y)} = 60,000$(원)

② 확률변수 X_i를 i번째 고객이 약정을 해지했을 때의 잔여 약정기간이라고 하자. 여기서 $X_i (i = 1, 2, \cdots, 100)$는 독립이므로, 고객 개개인을 유치했을 때 얻는 수입 $Y_i (i = 1, 2, \cdots, 100)$도 독립이다.

따라서 고객 100명을 유치하여 얻는 수입을 확률변수 W로 놓으면

$W = Y_1 + Y_2 + \cdots + Y_{100}$이다.

$E(W) = E(Y_1 + Y_2 + \cdots + Y_{100})$

$= E(Y_1) + E(Y_2) + \cdots + E(Y_{100})$

$= 100 \times 960,000 = 96,000,000$

$$Var(W) = Var(Y_1 + Y_2 + \cdots + Y_{100})$$

$$= Var(Y_1) + Var(Y_2) + \cdots + Var(Y_{100}) \ (\because \ Y_i \text{는 독립})$$

$$= 100 \times 3600000000(\text{원})^2$$

$$\sigma_W = \sqrt{Var(W)} = 600,000(\text{원})$$

따라서 경험에 의한 법칙에 따라 수입의 약 95%는 평균 ±2(표준편차)

$= 96000000 \pm 2(600000)$

=(94800000, 97200000)=(9천4백8십만원, 9천7백2십만원) 범위내에 존재한다.

17. ① 모든 x, y에 대하여 $P(x, y) = P_X(x) \cdot P_Y(y)$가 성립하면 X와 Y는 독립이다.

그런데 $P(0,1) = 0.32$이고 $P_X(0) = 0.45$, $P_Y(1) = 0.54$로 $P_X(0) \times P_Y(1) = 0.243$이다. 따라서 $P(0,1) \neq P_X(0) \times P_Y(1)$이므로 소지카드수($X$)와 여행횟수($Y$)는 독립이 아니다.

② $P(Y=1 \mid X=2) + P(Y=2 \mid X=2)$를 구하는 문제이다.

$$P(Y=1 \mid X=2) = \frac{P(X=2, Y=1)}{P(X=2)} = \frac{0.04}{0.20} = 0.2$$

$$P(Y=2 \mid X=2) = \frac{P(X=2, Y=2)}{P(X=2)} = \frac{0.06}{0.20} = 0.3 \text{이므로}$$

구하는 확률은 $0.2 + 0.3 = 0.5$이다.

③ $Corr(X, Y) = \dfrac{Cov(X, Y)}{\sqrt{Var(X)}\sqrt{Var(Y)}}$이다. 그런데

$$E(X) = 0 \times 0.45 + 1 \times 0.35 + 2 \times 0.20 = 0.75$$

$$E(X^2) = 0^2 \times 0.45 + 1^2 \times 0.35 + 2^2 \times 0.20 = 1.15$$

$$E(Y) = 1 \times 0.54 + 2 \times 0.32 + 3 \times 0.14 = 1.6$$

$$E(Y^2) = 1^2 \times 0.54 + 2^2 \times 0.32 + 3^2 \times 0.14 = 3.08 \text{이며,}$$

$$\begin{aligned} E(XY) &= 0 \times 1 \times 0.32 + 0 \times 2 \times 0.12 + 0 \times 3 \times 0.01 \\ &\quad + 1 \times 1 \times 0.18 + 1 \times 2 \times 0.14 + 1 \times 3 \times 0.03 \\ &\quad + 2 \times 1 \times 0.04 + 2 \times 2 \times 0.06 + 2 \times 3 \times 0.10 \\ &= 1.47 \text{이다.} \end{aligned}$$

따라서 $Var(X) = E(X^2) - [E(X)]^2 = 1.15 - 0.75^2 = 0.5875$

$Var(Y) = E(Y^2) - [E(Y)]^2 = 3.08 - 1.6^2 = 0.52$이고,

$Cov(X, Y) = E(XY) - E(X) \times E(Y)$

$$= 1.47 - (0.75) \times (1.6)$$
$$= 0.27$$ 이다.

따라서 $Corr(X, Y) = \dfrac{0.27}{\sqrt{0.5875}\sqrt{0.52}} = 0.488$ 이다.

X와 Y의 상관계수가 0.488이라는 것은 X와 Y가 양의 선형관계에 있으며, 그 강도는 0.488이라는 의미이다.

18. ① $f(x)$ 아래의 면적은 1이 되어야 한다. 그런데 그림을 보면 $f(x)$아래의 면적은 삼각형 2개와 사각형 1개로 이루어져 있다.

따라서 $\frac{1}{2} \times 3 \times C + 5 \times C + \frac{1}{2} \times 5 \times C = 9C = 1$이 되어야 하므로 $C = \frac{1}{9}$ 이다.

② 확률변수 X_i를 건설회사 i의 입찰가라고 하자.

그러면 문제는 $P(X_1 \geq 45,\ X_2 \geq 45,\ X_3 \geq 45,\ X_4 \geq 45,\ X_5 \geq 45)$를 구하는 것이다. 그런데 X_i는 서로 독립이므로 구하는 확률은

$$P(X_1 \geq 45) \times P(X_2 \geq 45) \times P(X_3 \geq 45) \times P(X_4 \geq 45) \times P(X_5 \geq 45)$$

$$= (\frac{1}{2} \times 5 \times \frac{1}{9})^5 = (\frac{5}{18})^5 = 0.0017$$ 이다.

알기쉬운 통계학

제6장 연습문제

1. 확률변수 X를 30개의 제품에서 반납된 장난감의 수라고 하면, X는 이항분포를 따른다. 즉, $X \sim bin(30,\ 0.05)$이다. 이항확률분포로부터

① $P(X=7)=\dfrac{30!}{7!23!}(0.05)^{7}(0.95)^{23}=0.0005$

② 반납율이 5%라면 30개중에서 대략 1.5개 정도의 반납이 이루어져야 한다. 7개의 제품이 반납되었다는 것은 반납율이 5%라고 가정하였을 경우 그 가능성이 0.0005로 매우 희박하다. 따라서 현재 장난감의 반납율은 전체 평균반납율 5%를 특별히 상회한다고 말할 수 있다.

2. 확률변수 X를 4번의 타수에서 안타를 친 수라고 하면, X는 이항분포를 따른다. 즉, $X \sim bin(4,\ 0.35)$이다. 이항확률분포로부터

$P(X \geq 3)=P(X=3)+P(X=4)=0.1115+0.0150=0.1265$

3. 확률변수 X를 10명의 고객에서 보험증권을 판 고객의 수라고 하면, X는 이항분포를 따른다. 즉, $X \sim bin(10,\ 0.2)$이다. 이항확률분포로부터

$P(X \geq 2)=1-P(X=0)-P(X=1)=1-0.1074-0.2684=0.6242$

4. 확률변수 X를 220명의 예약한 사람 중에서 공항에 나타난 사람의 수라고 하면, X는 이항분포를 따른다. 즉, $X \sim bin(220,\ 0.9)$이다.

$np=220\times 0.9=198 \geq 5$이고 $n(1-p)=220\times 0.1=22 \geq 5$의 조건을 만족하므로 이항확률분포를 정규분포로 근사시킬 수 있다. 즉, $X \sim N\left(198,\ (4.45)^{2}\right)$로 근사할 수 있다. 정규근사와 연속수정계수를 이용하여 문제를 풀면 다음과 같다.

① $P(X>199.5)=P\left(\dfrac{X-198}{4.45}>\dfrac{199.5-198}{4.45}\right)=P(Z>0.34)=0.3669$

※ 이항분포를 이용하여 계산한 확률은 0.3783이다.

② $X \sim bin(n,\ 0.9)$로부터 $X \sim N(0.9n,\ 0.09n)$으로 정규근사할 수 있다. 문제에서 $P(X > 200) = P\left(\frac{X - 0.9n}{\sqrt{0.09n}} > \frac{200 - 0.9n}{\sqrt{0.09n}}\right) = P(Z > 1.645) \le 0.05$이다.

따라서 $\frac{200 - 0.9n}{\sqrt{0.09n}} \ge 1.645$의 관계식이 성립하여야 하므로 양변을 제곱하여 n에 관하여 정리하면 다음과 같은 식을 얻을 수 있다.

$$0.81n^2 - 360.244n + 40000 \ge 0$$

위의 식에 대한 해를 구하면 $n \le 214.197$과 $n \ge 230.548$이 된다. 하지만 $n \ge 230.548$의 조건은 Z가 1.645보다 크다는 조건을 만족시키지 못하므로 $n \le 214.197$ 조건을 만족하는 가장 큰 정수값이 문제의 정답이 된다. 즉, 최대한 214명의 예약을 받아야지만 정원이 초과할 확률을 5% 이내로 만들 수 있다.

5. ① 확률변수 X는 30명의 예약한 사람 중에서 호텔에 나타나는 사람의 수이다. 이 경우 30명의 예약자 각각은 0.9의 확률로 호텔에 투숙할 것이므로 (또는 나타나지 않을 확률 0.1) 각 예약자의 투숙여부는 베르누이 분포를 따르게 되고, 이에 대한 합, 즉 호텔에 실제로 투숙하는 사람의 총 수는 이항분포를 따르게 된다. 결국, X는 이항분포를 따르고 $X \sim bin(30,\ 0.9)$이다.

② 이항분포표로부터

$$P(X > 25) = P(X = 26) + P(X = 27) + P(X = 28) + P(X = 29) + P(X = 30)$$
$$= 0.1771 + 0.2361 + 0.2277 + 0.1413 + 0.0424 = 0.8246$$

6. 확률변수 X를 10명의 사람 중에서 김후보를 지지한 사람의 수라고 하면, X는 이항분포를 따른다. 즉, $X \sim bin(10,\ 0.8)$이다.

① $P(X = 4) = \frac{10!}{4!6!}(0.8)^4(0.2)^6 = 0.0055$

② $P(X \ge 5) = P(X = 5) + \cdots + P(X = 10)$

$$= 0.0264 + 0.0881 + 0.2013 + 0.3020 + 0.2684 + 0.1074 = 0.9936$$

7. 확률변수 X를 9개의 형광등 중에서 불량품의 수라고 하면, X는 이항분포를 따른다. 즉, $X \sim bin(9,\ 0.05)$이다.

① $P(X \le 1) = P(X = 0) + P(X = 1) = 0.6302 + 0.2985 = 0.9287$

② $P(X = 3) = \frac{9!}{3!6!}(0.05)^3(0.95)^6 = 0.0077$

8. 확률변수 X를 신용카드를 신청하는 고객의 수라고 하면 X는 정규분포를 따르므로 $X \sim N(100,\ 20^2)$이다. 사은품의 경비가 70만원을 초과하는 경우는 신청하는 고객의 수가 140명을 초과하는 경우이다. 따라서 구하는 확률은

$$P(X > 140) = P\left(\frac{X-100}{20} > \frac{140-100}{20}\right) = P(Z > 2) = 0.0228$$

9. 확률변수 X를 무작위로 추출한(비복원추출) 3개의 제품에서 발견된 불량품의 수라 하면, X는 초기하분포를 따른다. 그런데 10개의 제품에서 3개를 무작위 추출하는 가지수는 $\binom{10}{3}$이고, 불량품의 수가 x개인 가지수는 $\binom{2}{x} \times \binom{8}{3-x}$ 이므로 문제에 대한 확률은 다음과 같이 나타낼 수 있다.

$$P(X=0) = \frac{\binom{2}{0} \times \binom{8}{3}}{\binom{10}{3}} = \frac{56}{120} = \frac{7}{15} = 0.467$$

$$P(X=1) = \frac{\binom{2}{1} \times \binom{8}{2}}{\binom{10}{3}} = \frac{56}{120} = \frac{7}{15} = 0.467$$

$$P(X=2) = \frac{\binom{2}{2} \times \binom{8}{1}}{\binom{10}{3}} = \frac{8}{120} = \frac{1}{15} = 0.066$$

10. 문제에서 다음과 같은 두 개의 식을 얻을 수 있다.

$np = 1$, $np(1-p) = 0.9$ 이에 대한 식을 풀면, $n = 10$, $p = 0.1$의 값이 나온다.

11. 확률변수 X를 명동에서 하루동안 만나는 사람의 수라고 하면, X는 평균 $5(\lambda = 5)$인 포아송분포를 따른다. 포아송분포표로부터

① $P(X=0) = \dfrac{e^{-5}5^0}{0!} = 0.0067$

② $$\begin{aligned} P(2 \le X \le 10) &= P(X=2) + P(X=3) + \cdots + P(X=10) \\ &= 0.0842 + 0.1404 + 0.1755 + 0.1755 + 0.1462 \\ &\quad + 0.1044 + 0.0653 + 0.0363 + 0.0181 = 0.9459 \end{aligned}$$

③ $P(X \geq 12) = P(X=12) + P(X=13) + \cdots$
$= 0.0034 + 0.0013 + 0.0005 + 0.0002 = 0.0054$

12. 확률변수 X를 소방서에 걸려오는 신고전화의 수라고 하면, X는 평균 $10(\lambda = 10)$인 포아송분포를 따른다. 포아송분포표로부터

① $P(X \geq 1) = 1 - P(X=0) = 1 - \dfrac{e^{-10}10^0}{0!} = 0.99996$

② $P(X \geq 10) = 1 - P(0 \leq X \leq 9) = 1 - 0.45793 = 0.54207$

③ $P(5 \leq X \leq 7) = \dfrac{e^{-10}10^5}{5!} + \dfrac{e^{-10}10^6}{6!} + \dfrac{e^{-10}10^7}{7!} = 0.19097$

13. 표준정규분포표로부터

① $P(-1.44 \leq Z \leq 0) = 0.4251$

② $P(-2.03 \leq Z \leq -1.71) = 0.0224$

③ $P(-0.02 \leq Z \leq 3.54) = 0.5080$

④ $P(Z \geq 2.50) = 0.0062$

⑤ $P(Z \geq -0.60) = 0.7257$

14. 표준정규분포표로부터

① $P(Z \leq -2.055) = 0.02 \rightarrow z_0 = -2.055$

② $P(Z \geq 0.84) = 0.20 \rightarrow z_0 = 0.84$

③ $P(-1.96 \leq Z \leq 1.96) = 0.95 \rightarrow z_0 = 1.96$

④ $P(-0.255 \leq Z \leq 0.255) = 0.20 \rightarrow z_0 = 0.255$

15. 확률변수 X를 하루동안 찾아오는 고객의 수라고 하면, X는 평균이 100이고 표준편차가 21인 정규분포를 따른다. 표준정규분포표로부터

① $P(X \geq 100) = P\left(\dfrac{X-100}{21} \geq \dfrac{100-100}{21}\right) = P(Z \geq 0) = 0.5$

② $P(X \geq 90) = P\left(\dfrac{X-100}{21} \geq \dfrac{90-100}{21}\right) = P(Z \geq -0.476) = 0.6844$

③ $P(90 \leq X \leq 100) = P(X \geq 90) - P(X \geq 100) = 0.1844$

16. 확률변수 X를 하루 중 걸려오는 전화번호 문의의 수라고 하면, X는 평균이 2000통화이고 표준편차가 100통화인 정규분포를 따른다. 표준정규분포표로부터

$$P(X \geq 1830) = P\left(\frac{X-2000}{100} \geq \frac{1830-2000}{100}\right) = P(Z \geq -1.70) = 0.9554$$

17. 확률변수 X를 성인의 키라고 하면, X는 평균이 168(cm)이고 표준편차가 6(cm)인 정규분포를 따른다. 침대의 길이를 x_0라고 하면, 표준정규분포표로부터

$P(X \leq x_0) = P\left(\frac{X-168}{6} \leq \frac{x_0-168}{6}\right) = P(Z \leq 1.28) = 0.9$이다. 따라서

$\frac{x_0-168}{6} = 1.28$의 관계로부터 $x_0 = 168 + 1.28 \times 6 = 175.68(\text{cm})$이 되어야 한다.

18. 확률변수 X를 학생의 키라고 하면, X는 평균이 170(cm)이고 표준편차가 7.5(cm)인 정규분포를 따른다. 표준정규분포표로부터

$P(X \geq 180) = P\left(\frac{X-170}{7.5} \geq \frac{180-170}{7.5}\right) = P(Z \geq 1.33) = 0.0918$이 된다. 따라서 총 학생이 300명이므로 180(cm) 이상의 키가 기대되는 학생의 수는 300×0.0918=27.5로 27명 또는 28명이 된다.

또한 $P(X \leq 162.5) = P\left(\frac{X-170}{7.5} \leq \frac{162.5-170}{7.5}\right) = P(Z \leq -1) = 0.1587$이 된다. 따라서 162.5(cm)이하의 키가 기대되는 학생의 수는 $300 \times 0.1587 = 47.6$으로 47명 또는 48명이 된다.

19. 확률변수 X를 수능고사 점수라고 하면, X는 평균이 250점이고 표준편차가 20점인 정규분포를 따른다. 표준정규분포표로부터

$P(X \leq 235) = P\left(\frac{X-250}{20} \leq \frac{235-250}{20}\right) = P(Z \leq -0.75) = 0.2266$이 된다. 따라서 235점 이하의 점수를 받게될 확률은 22.66%이다.

또한 $P(X \geq 295) = P\left(\frac{X-250}{20} \geq \frac{295-250}{20}\right) = P(Z \geq 2.25) = 0.0122$이 된다. 따라서 295점 이상의 점수를 받게될 확률은 1.22%이다.

20. 확률변수 X를 통계학 시험에 걸리는 시간이라고 하면, X는 평균이 60분이고 표준편차가 12분인 정규분포를 따른다. x_0를 시험시간이라고 하면 표준정규분포표로부터

$P(X \le x_0) = P\left(\frac{X-60}{12} \le \frac{x_0-60}{12}\right) = P(Z \le 1.28) = 0.9$이므로

$\frac{x_0-60}{12} = 1.28$의 관계로부터 $x_0 = 60 + 1.28 \times 12 = 75.36$(분)이 되어야 한다.

21. 확률변수 X를 베어링의 직경이라고 하면, X는 평균이 0.498(인치)이고 표준편차가 0.002(인치)인 정규분포를 따른다. 표준정규분포표로부터

$$P(0.496 \le X \le 0.504) = P\left(\frac{0.496-0.498}{0.002} \le \frac{X-0.498}{0.002} \le \frac{0.504-0.498}{0.002}\right)$$
$$= P(-1 \le Z \le 3) = 0.84$$

따라서 생산하는 베어링의 84%는 명세서의 요구에 부응할 수 있다.

22. 확률변수 X_i를 i번째 전구의 수명이라고 하면, X_i는 평균이 1500(시간)이고 표준편차가 150(시간)인 정규분포를 따른다. 3개의 전구가 병렬로 연결되어 순차적으로 작동하므로 이러한 구조에서의 수명은 확률변수 $Y = X_1 + X_2 + X_3$로 표현할 수 있으며, 정규분포의 성질에 의하여 확률변수 Y는 평균이 $1500 + 1500 + 1500 = 4500$(시간)이고, 표준편차는 x_i가 독립이므로 $\sqrt{150^2 + 150^2 + 150^2} = 150\sqrt{3}$(시간)인 정규분포를 따른다. 표준정규분포표로부터

$$P(X \ge 5000) = P\left(\frac{X-4500}{150\sqrt{3}} \ge \frac{5000-4500}{150\sqrt{3}}\right) = P(Z \ge 1.924) = 0.0274$$

따라서 5000시간 이상 지속될 확률은 2.74%이다.

23. 확률변수 X를 집에서 학교까지 버스를 이용할 경우의 통학시간이라고 하면, X는 평균이 40(분)이고 표준편차가 20(분)인 정규분포를 따른다. 또한 확률변수 Y를 집에서 학교까지 전철를 이용할 경우의 통학시간이라고 하면, Y는 평균이 60(분)이고 표준편차가 5(분)인 정규분포를 따른다.

① 60분내에 학교에 도착하여야 하므로 버스를 이용하여 통계학 강의시간 전에 학교에 도착할 확률은 $P(X \le 60) = P\left(\frac{X-40}{20} \le \frac{60-40}{20}\right) = P(Z \le 1) = 0.8413$이고, 지각할 확률은 0.1587이다.

전철을 이용할 경우, 통계학 강의시간 전에 학교에 도착할 확률은

$P(X \le 60) = P\left(\frac{Y-60}{5} \le \frac{60-60}{5}\right) = P(Z \le 0) = 0.5$이고, 지각할 확률은 0.5이다. 따라서 버스를 이용할 경우 0.3413만큼의 지각할 확률이 감소된다.

② 60분 이내에 학교에 도착할 확률을 95% 이상으로 맞추어야 하므로

$$P(X \le x_0) = P\left(\frac{X-40}{20} \le \frac{x_0-40}{20}\right) = P(Z \le 1.645) = 0.95\text{이다.}$$

따라서 $\frac{x_0-40}{20} = 1.645$의 관계로부터 $x_0 = 40 + 1.645 \times 20 = 72.9$(분)이 되어야 한다. 즉, 대략 73분 정도의 통학시간을 고려하여야 지각할 확률을 5% 이내로 줄일 수 있으므로 집에서 늦어도 오전 9시 47분에는 출발하여야 한다.

24. 확률변수 X를 자질검사 소요시간이라고 할 경우, X는 평균이 90(분)이고 표준편차가 20(분)인 정규분포를 따른다. 표준정규분포표로부터

① $P(X \le 80) = P\left(\frac{X-90}{20} \le \frac{80-90}{20}\right) = P(Z \le -0.5) = 0.3085\,(30.85\%)$

② $P(X \le x_0) = P\left(\frac{X-90}{20} \le \frac{x_0-90}{20}\right) = P(Z \le -1.645) = 0.05$이다.

따라서 $\frac{x_0-90}{20} = -1.645$의 관계로부터 $x_0 = 90 - 1.645 \times 20 = 57.1$(분)이 되어야 한다. 즉, 대략 57분 이내에 자질검사를 끝내야 상위권 5%이내 합격할 수 있다.

25. 확률변수 X를 주식의 수익률이라 할 경우, X는 평균이 10(%)이고 표준편차가 2(%)인 정규분포를 따른다. 또한 확률변수 Y를 채권의 수익률이라 할 경우, Y는 평균이 12(%)이고 표준편차가 3(%)인 정규분포를 따른다. 여기서 X와 Y는 상호 독립이다.

① 요구하는 문제는 $P(X > Y) = P(X - Y > 0)$이다. 그런데 $(X - Y)$의 분포는 평균이 $10 - 12 = -2$(%)이고 표준편차가 $\sqrt{2^2 + 3^2} = \sqrt{13}$(%)인 정규분포이므로 문제에 대한 답은 다음과 같이 계산된다.

$$P(X - Y > 0) = P\left(\frac{(X-Y)-(-2)}{\sqrt{13}} > \frac{0-(-2)}{\sqrt{13}}\right) = P(Z > 0.55) = 0.2912$$

② 요구하는 문제는 $P(X > 2Y) = P(X - 2Y > 0)$이다. $(X - 2Y)$의 분포는 평균이 $10 - 2 \times 12 = -14$(%)이고 표준편차가 $\sqrt{2^2 + (2^2) \times 3^2} = \sqrt{40}$(%)인 정규분포이므로 문제에 대한 답은 다음과 같이 계산된다.

$$P(X-2Y>0)=P\left(\frac{(X-2Y)-(-14)}{\sqrt{40}}>\frac{0-(-14)}{\sqrt{40}}\right)=P(Z>2.21)=0.0136$$

26. 확률변수 X를 자동차 1대에 기름을 넣는데 소요되는 시간이라고 할 경우, X는 평균이 4(분)인, 즉, $\lambda=\frac{1}{4}$인 지수분포를 따른다.

① $P(X\le 1)=\int_0^1 \frac{1}{4}e^{-\frac{x}{4}}dx=\left[-e^{-\frac{x}{4}}\right]_0^1$

$=1-e^{-\frac{1}{4}}=1-0.779=0.221$

즉, 1분내에 기름을 넣을 수 있는 차의 비율은 22.1%이다.

② $P(X\le 5)=\int_0^5 \frac{1}{4}e^{-\frac{x}{4}}dx=\left[-e^{-\frac{x}{4}}\right]_0^5$

$=1-e^{-\frac{5}{4}}=1-0.317=0.683$

즉, 5분내에 기름을 넣을 수 있는 차의 비율은 68.3%이다.

③ $P(2\le X\le 8)=\int_2^8 \frac{1}{4}e^{-\frac{x}{4}}dx=\left[-e^{-\frac{x}{4}}\right]_2^8$

$=-e^{-2}+e^{-\frac{1}{2}}=-0.135+0.607=0.472$

즉, 2분에서 8분 사이에 기름을 넣을 수 있는 차의 비율은 47.2%이다.

27. 확률변수 X를 버스 도착시간의 간격이라고 하면, X는 평균이 10(분)인, 즉 $\lambda=\frac{1}{10}$인 지수분포를 따른다.

① $P(X\ge 20)=\int_{20}^{\infty} \frac{1}{10}e^{-\frac{x}{10}}dx=\left[-e^{-\frac{x}{10}}\right]_{20}^{\infty}$

$=e^{-2}-0=0.135$

즉, 20분 이상 기다려야 할 확률은 13.5%이다.

② $P(X<5)=\int_0^5 \frac{1}{10}e^{-\frac{x}{10}}dx=\left[-e^{-\frac{x}{10}}\right]_0^5$

$=1-e^{-\frac{1}{2}}=1-0.607=0.393$

즉, 5분 이상 기다리지 않을 확률은 39.3%이다.

28. 천왕성(주) 건전지의 수명을 확률변수 X로 하고 명왕성(주) 건전지의 수명을 확률변수 Y로 하자. 그러면 $X \sim N(400, 100^2)$이고 $Y \sim N(500, 120^2)$이다. 요구된 문제는 $P(Y \geq X+200)$을 구하는 것으로, $P(Y \geq X+200) = P(Y-X \geq 200)$이다.

그런데 $E(Y-X) = E(Y) - E(X) = 500 - 400 = 100$

$Var(Y-X) = Var(Y) + Var(X) = 120^2 + 100^2 = 24400$

$\sigma_{Y-X} = \sqrt{24400}$ 이다.

따라서 $P(Y-X \geq 200) = P(Z \geq \frac{200-100}{\sqrt{24400}}) = P(Z \geq 0.64) = 0.2611$

29. 확률변수 X를 실제로 책을 구입하는 고객들의 수라고 하면 $X \sim bin(300, 0.3)$이다. $np = 300 \times 0.3 = 90 (\geq 5)$이고 $n(1-p) = 300 \times 0.7 = 210 (\geq 5)$이므로, 이항분포의 정규근사를 이용할 수 있다. 즉, $X \sim N(90, 63)$로 근사화할 수 있다. 따라서 연속수정계수를 이용하여 원하는 확률을 구하면 다음과 같다.

$P(X \geq 99.5) = P(Z \geq \frac{99.5-90}{\sqrt{63}}) = P(Z \geq 1.20) = 0.1151$

30. 확률변수 X_i를 가정 i의 아기 수라고 하면 $P(X_i = 0) = 0.3$, $P(X_i = 1) = 0.3$

$P(X_i = 2) = 0.4$이고, X_i는 독립적인 확률변수이다.

따라서 $E(X_i) = 0 \times 0.3 + 1 \times 0.3 + 2 \times 0.4 = 1.1$

$E(X_i^2) = 0^2 \times 0.3 + 1^2 \times 0.3 + 2^2 \times 0.4 = 1.9$

$Var(X_i) = E(X_i^2) - [E(X_i)]^2 = 0.69$이다.

이제 600가정의 아기 수를 W라 하면, $W = X_1 + X_2 + ... + X_{600}$이다.

요구된 문제는 $P(W \leq 650)$을 구하는 것으로 $E(W) = 600 \times 1.1 = 660$

$Var(W) = 600 \times 0.69 = 414$이다. 그런데 W의 분포는 중심극한정리에 의하여 $W \sim N(600, 414)$로 근사화할 수 있다. 따라서 연속수정계수를 도입하면(∵아기의 수는 이산형)

$P(W \leq 650.5) = P(Z \leq \frac{650.5-660}{\sqrt{414}}) = P(Z \leq -0.47) = 0.3192$이다.

31. $X_1, X_2, \ldots, X_5$는 서로 독립이면서 모두 $N(0,1)$을 따르므로 $2X_1+3X_2+\ldots+5X_3$은 $N(0,38)$의 분포를 따른다. 또한 카이제곱 분포의 정의로부터 $X_4^2+X_5^2$은 $\chi^2(2)$의 분포를 따르므로, t분포의 정의로부터 $\dfrac{Z}{\sqrt{\dfrac{\chi^2(2)}{2}}}$는 자유도 2인 t분포를 따른다.

즉, $t=\dfrac{Z}{\sqrt{\dfrac{\chi^2(2)}{2}}}=\dfrac{\dfrac{(2X_1+3X_2+5X_3)-0}{\sqrt{38}}}{\sqrt{\dfrac{X_4^2+X_5^2}{2}}}=\dfrac{1}{\sqrt{19}}\dfrac{2X_1+3X_2+5X_3}{\sqrt{X_4^2+X_5^2}}$ 이다.

따라서 $c=\dfrac{1}{\sqrt{19}}$ 이다.

알기쉬운 통계학

제7장 연습문제

1. 확률변수 X를 사람의 지능지수라고 하면, X는 평균이 120이고 표준편차가 10인 정규분포를 따른다. 표준정규분포표로부터

① $P(X \geq 125) = P\left(\dfrac{X-120}{10} \geq \dfrac{125-120}{10}\right) = P(Z \geq 0.5) = 0.3085$ 이다.

따라서 지능지수가 125 이상인 사람은 전체의 30.85%이다.

② 확률변수 $\overline{X}$를 25명의 표본평균이라고 하면, $\overline{X}$는 평균이 120이고 표준편차가 $10/\sqrt{25} = 2$인 정규분포를 따른다. 따라서 표준정규분포표로부터

$$P(\overline{X} \geq 125) = P\left(\frac{X-120}{2} \geq \frac{125-120}{2}\right) = P(Z \geq 2.5) = 0.0062$$

③ 대수의 법칙은 표본의 크기가 커짐에 따라 표본평균이 모집단 평균에 근접한다는 사실이다. 다시 말하면 표본의 크기가 크면 표본평균이 모집단 평균에서 벗어날 확률은 작아진다는 의미이다. 문제 ①의 경우 우리 나라 어떤 사람 한 명의 지능지수가 125 이상이 될 확률은 30.85%이었지만 문제 ②에서는 25명으로 구성된 표본을 통하여 계산된 지능지수의 표본평균이 125 이상이 될 확률은 0.62%로 매우 작은 확률을 갖는다. 즉, 문제 ①은 표본의 크기가 1인 경우이고, 문제 ②는 표본의 크기가 25인 경우이다. 이와 같은 사실로부터 표본평균 $\overline{X}$가 취하는 값은 확률변수 X가 취하는 값보다 모집단 평균을 중심으로 매우 밀집되어 분포되어 있는 것을 알 수 있으며 모집단 평균인 120을 크게 벗어날 확률은 거의 0에 가깝다는 사실을 확인할 수 있다. 여기서 우리는 표본의 크기가 매우 클 경우 표본평균은 100%에 가까운 확률을 가지고 모집단 평균인 120에 근접할 것이라는 사실을 추측할 수 있다. 따라서 앞의 문제 ①과 ②의 결과는 대수의 법칙을 설명하는 것이라고 할 수 있다.

2. 확률변수 X를 우리 나라 주식가격의 변화율이라고 하면, X는 평균이 3(%)이고 표준편차가 10(%)이다.

① 36개의 주식을 무작위로 추출하는 경우 이에 대한 표본평균 $\overline{X}$는 평균이 3%이고 표준편차는 $10/\sqrt{36}=1.67\%$이며, 중심극한정리에 의하여 근사적으로 정규분포를 따른다. 따라서, 평균가격 변화율이 1% 미만일 확률은 다음과 같다.

$$P(\overline{X}<1)=P\left(\frac{\overline{X}-3}{10/\sqrt{36}}<\frac{1-3}{10/\sqrt{36}}\right)=P(Z<-1.2)=0.1151$$

② 46개의 주식을 무작위로 추출하는 경우 이에 대한 표본평균 $\overline{X}$는 평균이 3%이고 표준편차는 $10/\sqrt{46}=1.47\%$이며, 중심극한정리에 의하여 근사적으로 정규분포를 따른다. 따라서, 평균가격 변화율이 1% 미만일 확률은 다음과 같다.

$$P(\overline{X}<1)=P\left(\frac{\overline{X}-3}{10/\sqrt{46}}<\frac{1-3}{10/\sqrt{46}}\right)=P(Z<-1.36)=0.0869$$

이와 같은 사실로부터 표본으로 주식을 많이 추출하는 경우(표본의 크기가 클 경우), 이에 대한 표본평균의 분포는 전체 변화율의 평균 3%로 밀집하는 경향이 있다. 따라서 46개의 주식을 표본으로 취급하는 경우의 표본평균이 전체 변화율 평균으로부터 벗어나는 확률이 작아지는 현상을 확인할 수 있다.

3. 확률변수 X를 남학생의 키라고 하면, X는 평균이 170(cm)이고 표준편차가 7.5(cm)인 정규분포를 따른다. 25명의 학생을 무작위로 추출하는 경우 이에 대한 표본평균 $\overline{X}$는 평균(기대값)이 170(cm)이고 표준편차는 $7.5/\sqrt{25}=1.5$(cm)인 정규분포를 따른다.

4. 3번 문제에서 표본평균 $\overline{X}$는 평균이 170(cm)이고 표준편차는 $7.5/\sqrt{25}=1.5$(cm)인 정규분포를 따르므로 $\overline{X}$가 167(cm)에서 171(cm)사이에 있을 확률은 다음과 같다.

$$P(167\le\overline{X}\le 171)=P\left(\frac{167-170}{1.5}\le\frac{\overline{X}-170}{1.5}\le\frac{171-170}{1.5}\right)$$
$$=P(-2\le Z\le 0.67)=0.4772+0.2486=0.7258$$

따라서 80개의 표본들 중 표본평균이 167(cm)에서 171(cm)사이에 있을 것으로 기대되는 표본의 수는 $80\times 0.7258=58.064$이므로 대략 58개이다.

5. 확률변수 X를 볼베어링의 무게라고 하면, X는 평균이 5.02(그램)이고 표준편차가 0.3(그램)이다. 따라서 확률변수 Y를 100개의 볼베어링 무게라고 하면, Y는 평균이 5.02× 100=502(그램)이고 표준편차는 $\sqrt{100\times 0.3^2}=3$(그램)이며, 중심극한정리에 의해 Y는 정규분포를 따른다고 할 수 있다. 따라서 문제에 대한 확률은 다음과 같다.

$$P(496 \le Y \le 500) = P\left(\frac{496-502}{3} \le \frac{Y-502}{3} \le \frac{500-502}{3}\right)$$
$$= P(-2 \le Z \le -0.67) = 0.4772 - 0.2486 = 0.2286$$

6. 확률변수 X를 결제하는데 소요되는 시간이라고 하면, X는 평균이 15(분)이고 표준편차가 3(분)인 정규분포를 따른다. 확률변수 Y를 15건을 결제하는데 소요되는 시간이라고 하면, Y는 평균이 $15 \times 15 = 225$(분)이고 표준편차는 $\sqrt{15 \times 3^2} = 11.62$(분)인 정규분포를 따른다. 따라서 문제에 대한 확률은 다음과 같다.

$$P(Y \le 240) = P\left(\frac{Y-225}{11.62} \le \frac{240-225}{11.62}\right) = P(Z \le 1.29) = 0.9015$$

7. 확률변수 X를 10,000명 중에서 불교신도의 수라고 할 경우, X는 $n = 10000$이고 $p = 0.25$인 이항분포를 따른다. $np = 10000 \times 0.25 = 2500 (\ge 5)$와 $n(1-p) = 10000 \times 0.75 = 7500$ (≥ 5)이므로 이러한 이항분포는 정규분포로 근사될 수 있다. 따라서 확률변수 X는 근사적으로 평균이 $np = 2500$(명)이고 표준편차가 $\sqrt{np(1-p)} = \sqrt{10000 \times 0.25 \times 0.75} =$ 43.3(명)인 정규분포를 따른다. 이와 같은 사실로부터 10,000명 중 2,560명 이상의 불교신도를 관측할 확률은 다음과 같다(연속수정계수를 사용함).

$$P(X \ge 2559.5) = P\left(\frac{X-2500}{43.3} \ge \frac{2559.5-2500}{43.3}\right)$$
$$= P(Z \ge 1.37) = 0.0853$$

※ 이항분포를 이용하여 정확한 확률을 계산하면 0.0850이 된다.

8. 확률변수 X를 100명의 예방주사를 맞은 사람 중에서 감기에 걸린 사람의 수라고 할 경우, X는 $n = 100$이고 $p = 0.2$인 이항분포를 따른다. $n \times p = 100 \times 0.2 = 20 \ge 5$와 $n \times (1-p) = 100 \times 0.8 = 80 \ge 5$의 조건을 만족하므로 이러한 이항분포는 정규분포로 근사될 수 있다. 따라서 확률변수 X는 근사적으로 평균이 20(명)이고 표준편차가 $\sqrt{100 \times 0.2 \times 0.8} = 4$(명)인 정규분포를 따른다. 이와 같은 사실로부터 문제에 대한 확률은 다음과 같다(연속수정계수를 사용함).

$$P(9.5 \le X \le 15.5) = P(\frac{9.5-20}{4} \le \frac{X-20}{4} \le = \frac{15.5-20}{4})$$
$$= P(-2.63 \le Z \le -1.13) = 0.4957 - 0.3708 = 0.1249$$

※이항분포를 이용하여 정확한 확률을 계산하면 0.1262가 된다.

9. 확률변수 X를 100명의 사람 중 실업자의 수라고 할 경우, X는 $n = 100$이고 $p = 0.05$인 이항분포를 따른다. $np = 100 \times 0.05 = 5 \geq 5$와 $n(1-p) = 100 \times 0.95 = 95 \geq 5$의 조건을 만족하므로 정규분포로 근사하여 확률을 계산하기로 한다. 따라서 확률변수 X는 근사적으로 평균이 5(명)이고 표준편차가 $\sqrt{100 \times 0.05 \times 0.95} = 2.18$(명)인 정규분포를 따른다. 여기서 새로운 확률변수인 표본실업률은 $\hat{p} = X/100$으로 정의되며, $\hat{p}$은 평균이 0.05이고 표준편차가 $\sqrt{(0.05 \times 0.95)/100} = 0.0218$인 정규분포를 따르게 된다. 따라서 표본실업률이 6.5% 이상으로 나타날 확률은 다음과 같이 계산된다.

$$P(\hat{p} \geq 0.065) = P\left(\frac{\hat{p} - 0.05}{0.0218} \geq \frac{0.065 - 0.05}{0.0218}\right)$$
$$= P(Z \geq 0.69) = 0.2451$$

10. 확률변수 X를 180명의 사람 중에서 여학생의 수라고 할 경우, X는 $n = 180$이고 $p = 1/6$인 이항분포를 따른다. $np = 180 \times 1/6 = 30 \geq 5$와 $n(1-p) = 180 \times 5/6 = 150 \geq 5$의 조건을 만족하므로 정규분포로 근사하여 확률을 계산할 수 있다. 따라서 확률변수 X는 근사적으로 평균이 30(명)이고 표준편차가 $\sqrt{180 \times 1/6 \times 5/6} = 5$(명)인 정규분포를 따른다. 여기서 새로운 확률변수인 여학생에 대한 표본비율은 $\hat{p} = X/180$으로 정의되며, $\hat{p}$은 평균이 1/6이고 표준편차가 $\sqrt{(1/6 \times 5/6)/180} = 0.0278$인 정규분포를 따르게 된다. 따라서 여학생에 대한 표본비율이 0.1에서 0.25사이에 있을 확률은 다음과 같이 계산된다.

$$P(0.1 \leq \hat{p} \leq 0.25) = P\left(\frac{0.1 - 1/6}{0.0278} \leq \frac{\hat{p} - 1/6}{0.0278} \leq \frac{0.25 - 1/6}{0.0278}\right)$$
$$= P(-2.40 \leq Z \leq 3.00) = 0.4918 + 0.49865 = 0.9905$$

11. 확률변수 X를 우리 나라 남자의 키라고 하면, X는 평균이 170(cm)이고 표준편차가 5(cm)인 정규분포를 따른다. 따라서 36명에 대한 남자 키의 표본평균 $\overline{X}$는 평균이 170(cm)이고 표준편차가 $5/\sqrt{36} = 0.833$(cm)인 정규분포를 따른다. 또한 확률변수 Y를 우리 나라 여자의 키라고 하면, Y는 평균이 162(cm)이고 표준편차가 6(cm)인 정규분포를 따른다. 따라서 25명에 대한 여자 키의 표본평균 $\overline{Y}$는 평균이 162(cm)이고 표준편차가 $6/\sqrt{25} = 1.2$(cm)인 정규분포를 따른다. 정규분포의 성질로부터 남자 키의 표본평균과 여자 키의 표본평균의 차이 $\overline{X} - \overline{Y}$는 평균이 $170 - 162 = 8$(cm)이고 표준편차가 $\sqrt{0.833^2 + 1.2^2} = 1.46$(cm)인 정규분포를 따른다. 이와 같은 사실로부터 남자 키의 표본평균과 여자 키의 표본평균의 차이가 10(cm) 이상 될 확률은 다음과 같이 계산된다.

$$P(|\overline{X}-\overline{Y}|\geq 10)=P(\overline{X}-\overline{Y}\geq 10)+P(\overline{X}-\overline{Y}\leq -10)$$
$$=P\left(\frac{(\overline{X}-\overline{Y})-8}{1.46}\geq\frac{10-8}{1.46}\right)+P\left(\frac{(\overline{X}-\overline{Y})-8}{1.46}\leq\frac{-10-8}{1.46}\right)$$
$$=P(Z\geq 1.37)+P(Z\leq -12.33)=0.0853+0=0.0853$$

12. 확률변수 X를 A회사의 전구 수명이라고 하면, X는 평균이 1400(시간)이고 표준편차는 200(시간)이다. 따라서 125개의 전구 수명에 대한 표본평균 $\overline{X}$는 중심극한정리에 의하여 평균이 1400(시간)이고 표준편차가 $200/\sqrt{125}=17.89$(시간)인 정규분포에 근사한다. 또한 확률변수 Y를 B회사의 전구 수명이라고 하면, Y는 평균이 1200(시간)이고 표준편차는 160(시간)이다. 따라서 125개의 전구 수명에 대한 표본평균 $\overline{Y}$는 중심극한정리에 의하여 평균이 1200(시간)이고 표준편차가 $160/\sqrt{125}=14.31$(시간)인 정규분포에 근사한다. 정규분포의 성질로부터 A회사와 B회사의 전구 수명에 대한 표본평균의 차이 $\overline{X}-\overline{Y}$는 평균이 $1400-1200=200$(시간)이고 표준편차가 $\sqrt{17.89^2+14.31^2}=22.91$(시간)인 정규분포를 따른다. 이와 같은 사실로부터 A회사 전구 수명의 표본평균이 B회사의 그것보다 160(시간) 이상 길 확률은 다음과 같이 계산된다.

$$P(\overline{X}-\overline{Y}\geq 160)=P\left(\frac{(\overline{X}-\overline{Y})-200}{22.91}\geq\frac{160-200}{22.91}\right)$$
$$=P(Z\geq -1.75)=0.9599$$

13. 확률변수 X를 학생들의 적성검사 점수라고 하면, X는 평균이 72(점)이고 표준편차는 8(점)이다. 따라서 36명으로 구성된 학생의 표본평균점수 $\overline{X}_{36}$은 중심극한정리에 의하여 평균이 72(점)이고 표준편차가 $8/\sqrt{36}=1.33$(점)인 정규분포에 근사한다. 또한 49명으로 구성된 학생의 표본평균점수 $\overline{X}_{49}$는 중심극한정리에 의하여 평균이 72(점)이고 표준편차가 $8/\sqrt{49}=1.14$(점)인 정규분포에 근사한다. 이와 같은 사실로부터 $\overline{X}_{36}-\overline{X}_{49}$의 분포는 평균이 $72-72=0$(점)이고 표준편차가 $\sqrt{1.33^2+1.14^2}=1.75$(점)인 정규분포를 따른다.

① 두 집단의 표본평균 차이가 2점 이상 발생할 확률은 다음과 같이 계산된다.

$$P(|\overline{X}_{36}-\overline{X}_{49}|\geq 2)=P(\overline{X}_{36}-\overline{X}_{49}\geq 2)+P(\overline{X}_{36}-\overline{X}_{49}\leq -2)$$
$$=P\left(\frac{(\overline{X}_{36}-\overline{X}_{49})-0}{1.75}\geq\frac{2-0}{1.75}\right)+P\left(\frac{(\overline{X}_{36}-\overline{X}_{49})-0}{1.75}\leq\frac{-2-0}{1.75}\right)$$
$$=P(Z\geq 1.14)+P(Z\leq -1.14)=2\times 0.1271=0.2542$$

② 두 집단의 표본평균 차이가 1점에서 4점 사이에 있을 확률은 다음과 같이 계산된다.

$$P(1 \le |\overline{X}_{36} - \overline{X}_{49}| \le 4) = 2 \times P(1 \le \overline{X}_{36} - \overline{X}_{49} \le 4)$$
$$= 2 \times P\left(\frac{1-0}{1.75} \le \frac{(\overline{X}_{36} - \overline{X}_{49}) - 0}{1.75} \le \frac{4-0}{1.75}\right)$$
$$= 2 \times P(0.57 \le Z \le 2.29) = 2 \times (0.4890 - 0.2157)$$
$$= 0.5466$$

14. 확률변수 X를 A대학 100명의 학생 중에서 여학생의 수라고 하면, X는 $n = 100$이고 $p = 0.25$인 이항분포를 따른다.

$np = 100 \times 0.25 = 25 \ge 5$와 $n(1-p) = 100 \times 0.75 = 75 \ge 5$의 조건을 만족하므로 정규분포로 근사하여 확률을 계산할 수 있다. 따라서 확률변수 X는 근사적으로 평균이 25(명)이고 표준편차가 $\sqrt{100 \times 0.25 \times 0.75} = 4.33$(명)인 정규분포를 따른다. 여기서 새로운 확률변수인 A대학 여학생의 표본비율은 $\hat{p}_A = X/100$로 정의되며, $\hat{p}_A$은 평균이 0.25이고 표준편차가 $\sqrt{(0.25 \times 0.75)/100} = 0.0433$인 정규분포를 따르게 된다. 이와 같은 방법으로 확률변수 Y를 B대학 250명의 학생 중에서 여학생의 수라고 하면, Y는 $n = 250$이고 $p = 0.1$인 이항분포를 따른다.

$np = 250 \times 0.1 = 25 \ge 5$와 $np = 250 \times 0.1 = 25 \ge 5$의 조건을 만족하므로 정규분포로 근사하여 확률을 계산할 수 있다. 따라서 확률변수 Y는 근사적으로 평균이 25(명)이고 표준편차가 $\sqrt{250 \times 0.1 \times 0.9} = 4.74$(명)인 정규분포를 따른다. 여기서 새로운 확률변수인 B대학 여학생의 표본비율은 $\hat{p}_B = Y/250$로 정의되며, $\hat{p}_B$은 평균이 0.1이고 표준편차가 $\sqrt{(0.1 \times 0.9)/250} = 0.0190$인 정규분포를 따르게 된다. 이와 같은 사실로부터 $\hat{p}_A - \hat{p}_B$는 평균이 0.25−0.1=0.15이고 표준편차가 $\sqrt{0.0433^2 + 0.0190^2} = 0.0473$인 정규분포를 따른다. 따라서 여학생 표본비율의 차이가 10% 이상이 될 확률을 계산하여 보면 다음과 같다.

$$P(|\hat{p}_A - \hat{p}_B| \ge 0.1) = P(\hat{p}_A - \hat{p}_B \ge 0.1) + P(\hat{p}_A - \hat{p}_B \le -0.1)$$
$$= P\left(\frac{(\hat{p}_A - \hat{p}_B) - 0.15}{0.0473} \ge \frac{0.1 - 0.15}{0.0473}\right) + P\left(\frac{(\hat{p}_A - \hat{p}_B) - 0.15}{0.0473} \le \frac{-0.1 - 0.15}{0.0473}\right)$$
$$= P(Z \ge -1.06) + P(Z \le -5.32) = 0.8554 + 0 = 0.8554$$

15. 확률변수 X를 A선수가 120타수 중에서 안타를 친 수라고 할 경우, X는 $n=120$이고 $p=0.35$인 이항분포를 따른다. $np=120\times0.35=42\geq5$와 $n(1-p)=120\times0.65=78\geq5$의 조건을 만족하므로 정규분포로 근사하여 확률을 계산할 수 있다. 따라서 확률변수 X는 근사적으로 평균이 42이고 표준편차가 $\sqrt{120\times0.35\times0.65}=5.225$인 정규분포를 따른다. 여기서 새로운 확률변수인 안타에 대한 표본비율(타율)은 $\hat{p}_A=X/120$로 정의되며, $\hat{p}_A$은 평균이 0.35이고 표준편차가 $\sqrt{(0.35\times0.65)/120}=0.0435$인 정규분포를 따르게 된다. 이와 같은 방법으로 확률변수 Y를 B선수가 120타수 중에서 안타를 친 수라고 할 경우, Y는 $n=120$이고 $p=0.28$인 이항분포를 따른다.
$np=120\times0.28=33.6\geq5$와 $n(1-p)=120\times0.72=86.4\geq5$의 조건을 만족하므로 정규분포로 근사하여 확률을 계산할 수 있다. 따라서 확률변수 Y는 근사적으로 평균이 33.6이고 표준편차가 $\sqrt{120\times0.28\times0.72}=4.92$인 정규분포를 따른다.
여기서 새로운 확률변수인 안타에 대한 표본비율(타율)은 $\hat{p}_B=Y/120$ 로 정의되며, $\hat{p}_B$은 평균이 0.28이고 표준편차가 $\sqrt{(0.28\times0.72)/120}=0.0410$ 인 정규분포를 따르게 된다. 이와 같은 사실로부터 $\hat{p}_A-\hat{p}_B$는 평균이 $0.35-0.28=0.07$이고 표준편차가 $\sqrt{0.0435^2+0.0410^2}=0.0598$인 정규분포를 따른다. 따라서 A선수와 B선수의 1년 타율 차이가 10% 이상 날 확률을 계산하여 보면 다음과 같다.

$$\begin{aligned}P(|\hat{p}_A-\hat{p}_B|\geq0.1)&=P(\hat{p}_A-\hat{p}_B\geq0.1)+P(\hat{p}_A-\hat{p}_B\leq-0.1)\\&=P\left(\frac{(\hat{p}_A-\hat{p}_B)-0.07}{0.0598}\geq\frac{0.1-0.07}{0.0598}\right)+P\left(\frac{(\hat{p}_A-\hat{p}_B)-0.07}{0.0598}\leq\frac{-0.1-0.07}{0.0598}\right)\\&=P(Z\geq0.50)+P(Z\leq-2.84)=0.3085+0.0023=0.3108\end{aligned}$$

16. 확률변수 X를 합판 한 장당 흠집수라고 하면, $E(X)=\mu=5$이고 $Var(X)$=4이다. n개의 합판에서 발생하는 합판 한 장당 평균흠집수는 크기가 n인 표본의 표본평균을 의미한다. 따라서 이 표본평균을 확률변수 $\overline{X}$라고 하면 $E(\overline{X})=\mu=5$이고 $Var(\overline{X})=\dfrac{\sigma^2}{n}=\dfrac{2^2}{n}$이다. 요구된 문제는 $n=100$일 때 $P(\overline{X}>6)$를 구하는 것으로 n이 충분히 크므로(일반적으로 $n\geq30$) 중심극한정리에 의하여 $\overline{X}\sim N(\mu,\dfrac{\sigma^2}{n})=N(5,0.2^2)$으로 표현할 수 있다. 따라서 $P(\overline{X}\geq6)=P(Z\geq\dfrac{6-5}{0.2})=P(Z\geq5)=0$

17. 확률변수 X_1을 경영통계학을 수강하는 1반 학생의 점수라 하고, 확률변수 X_2를 경영통계학을 수강하는 2반 학생의 점수라 정의하면, 문제에서 $X_1 \sim N(74.88, 12)$이고 $X_2 \sim N(71.04, 9)$이다. 따라서 1반 2명의 표본에 대한 표본평균을 $\overline{X}_1$, 2반 3명의 표본에 대한 표본평균을 $\overline{X}_2$라 하면, $\overline{X}_1$와 $\overline{X}_2$의 분포는 다음과 같다.

$$\overline{X}_1 \sim N(74.88, \frac{12}{2}),\ \overline{X}_2 \sim N(71.04, \frac{9}{3})$$

여기서 $\overline{X}_1$와 $\overline{X}_2$는 독립으로 볼 수 있으므로

$\overline{X}_1 - \overline{X}_2 \sim N(74.88 - 71.04, 6 + 3) = N(3.84, 3^2)$이다. 따라서

$$P(\overline{X}_1 - \overline{X}_2 > 0) = P(\frac{(\overline{X}_1 - \overline{X}_2) - 3.84}{3} > \frac{0 - 3.84}{3}) = P(Z > -1.28) = 0.8997$$

18. 확률변수 X를 $X_1 + X_2 + \cdots + X_{25}$로 정의하면, X는 다음과 같은 이항분포를 따르게 된다.

$$X = X_1 + X_2 + \cdots + X_{25} \sim B(25, 0.2)$$

마찬가지로 확률변수 Y를 $Y_1 + Y_2 + \cdots + Y_{100}$으로 정의하면, Y도 다음과 같은 이항분포를 따르게 된다.

$$Y = Y_1 + Y_2 + \cdots + Y_{100} \sim B(100, 0.1)$$

그런데 문제에서 n이 충분히 크다고 가정하였으므로, 중심극한정리를 적용하면 X와 Y의 분포는 다음과 같이 정규분포로 근사화 할 수 있다.

$$X \sim N(25 \times 0.2, 25 \times 0.2 \times 0.8) = N(5, 2^2)$$

$$Y \sim N(100 \times 0.1, 100 \times 0.1 \times 0.9) = N(10, 3^2)$$

① $X + Y \sim N(5 + 10, 2^2 + 3^2) = N(15, 13)$, 즉, 확률변수 $X + Y$는 평균이 15이고, 분산이 13인 정규분포에 근사한다.

② $\frac{X-5}{2} \sim N(0,1)$을 따르며, $\frac{Y-10}{3} \sim N(0,1)$을 따르므로 $(\frac{Y-10}{3})^2 \sim \chi^2(1)$을 따름을 알 수 있다. t분포의 정의로부터 $\frac{Z}{\sqrt{\chi^2(k)/k}}$는 자유도 k를 갖는 t분포를 하므로

$$\frac{Z}{\sqrt{\chi^2(1)/1}} = \frac{\frac{X-5}{2}}{\sqrt{(\frac{Y-10}{3})^2}} = \frac{\frac{1}{2}(X-5)}{\frac{1}{3}\,|\,Y-10\,|} = \frac{3}{2}\frac{(X-5)}{|\,Y-10\,|}$$

$= \frac{3X-15}{|\,2Y-20\,|} \sim t(1)$이다. 따라서 a는 3, b는 15, c는 2, d는 -20이 된다.

알기쉬운 통계학

제8장 연습문제

1. 무작위로 추출한 25명의 표본에 대한 평균혈압(표본평균)을 $\overline{x}$ 라고 하면, 모집단의 분포가 정규분포라는 가정 하에 실제 혈압의 평균(모집단평균) μ에 대한 95% 신뢰구간은 다음과 같다.

$$\left(\overline{x} - z_{0.025}\frac{\sigma}{\sqrt{n}},\ \overline{x} + z_{0.025}\frac{\sigma}{\sqrt{n}}\right) = \left(90 - 1.96\frac{10}{\sqrt{25}},\ 90 + 1.96\frac{10}{\sqrt{25}}\right)$$
$$= (86.08,\ 93.92)$$

2. 무작위로 추출한 100명의 표본에 대한 평균 통학시간(표본평균)을 $\overline{x}$ 라고 하면, 중심극한정리에 의해 (정규근사를 이용하여) 실제 통학시간의 평균(모집단평균) μ에 대한 95% 신뢰구간은 다음과 같이 추정할 수 있다.

$$\left(\overline{x} - z_{0.025}\frac{s}{\sqrt{n}}\ ,\ \overline{x} + z_{0.025}\frac{s}{\sqrt{n}}\right) = \left(45 - 1.96\frac{9}{\sqrt{100}}\ ,\ 45 + 1.96\frac{9}{\sqrt{100}}\right)$$
$$= (43.24\ ,\ 46.76)$$

3. 무작위로 추출한 200개의 베어링에 평균 직경(표본평균)을 $\overline{x}$ 라고 하면, μ에 대한 신뢰구간은 정규근사를 이용하여 다음과 같이 계산할 수 있다.

① 실제 베어링 직경에 대한 평균(모집단평균) μ에 대한 95% 신뢰구간은

$$\left(\overline{x} - z_{0.025}\frac{s}{\sqrt{n}}\ ,\ \overline{x} + z_{0.025}\frac{s}{\sqrt{n}}\right) = \left(82 - 1.96\frac{4.5}{\sqrt{200}}\ ,\ 82 + 1.96\frac{4.5}{\sqrt{200}}\right)$$
$$= (81.38, 82.62)$$

② 실제 베어링 직경에 대한 평균(모집단평균) μ에 대한 99% 신뢰구간은

$$\left(\overline{x} - z_{0.005}\frac{s}{\sqrt{n}}\ ,\ \overline{x} + z_{0.005}\frac{s}{\sqrt{n}}\right) = \left(82 - 2.58\frac{4.5}{\sqrt{200}}\ ,\ 82 + 2.58\frac{4.5}{\sqrt{200}}\right)$$
$$= (81.18\ ,\ 82.82)$$

4. 무작위로 추출한 50명의 표본에 대한 수학시험의 평균점수(표본평균)를 $\bar{x}$라고 하면, 정규근사를 이용하여 다음의 문제를 해결할 수 있다.

① 실제 수학점수에 대한 평균(모집단 평균) μ에 대한 95% 신뢰구간은

$$\left(\bar{x}-z_{0.025}\frac{s}{\sqrt{n}}\ ,\ \bar{x}+z_{0.025}\frac{s}{\sqrt{n}}\right)=\left(80-1.96\frac{5}{\sqrt{50}}\ ,\ 80+1.96\frac{5}{\sqrt{50}}\right)$$

$$=(78.61\ ,\ 81.39)$$

② 이 경우 $(1-\alpha)\times 100\%$ 신뢰구간은 $80\pm z_{\alpha/2}\frac{5}{\sqrt{50}}$ 이므로 80 ± 1의 조건을 만족하기 위해서는 $z_{\alpha/2}\frac{5}{\sqrt{50}}=1$이 되어야 한다. 따라서 $z_{\alpha/2}=\frac{\sqrt{50}}{5}$=1.414의 값이 계산된다. 표준정규분포표로부터 $z_{0.0793}$(오른쪽꼬리 면적이 0.0793)=1.41이고 $z_{0.0778}$=1.42이므로 이에 대한 중간값을 취하면 대략 $z_{0.07855}=1.415$의 값을 갖는다고 볼 수 있으므로 이 값을 이용하여 α를 계산하여 보면 $\alpha=0.07855\times 2=0.1571$이다. 따라서 신뢰수준은 $1-\alpha=1-0.1571=0.8429$이다. 다시 말하면 약 84.3%의 신뢰수준에서 80 ± 1의 신뢰구간이 형성된다.

5. 무작위로 추출한 25명의 표본에 대한 평균 콜레스테롤 수준(표본평균)을 $\bar{x}$라고 하면, 실제 콜레스테롤 수준의 평균(모집단평균) μ에 대한 90% 신뢰구간은 다음과 같다. (모집단은 정규분포를 한다고 가정한다.)

$$\left(\bar{x}-t_{0.05}(24)\frac{s}{\sqrt{n}},\bar{x}+t_{0.05}(24)\frac{s}{\sqrt{n}}\right)=\left(250-1.711\frac{20}{\sqrt{25}},250+1.711\frac{20}{\sqrt{25}}\right)$$

$$=(243.16,256.84)$$

6. 무작위로 추출한 16명의 표본에 대한 분산(표본분산)을 s^2이라고 하면,

① 모분산 σ^2에 대한 95% 신뢰구간은 다음과 같다.

$$\left(\frac{(n-1)s^2}{\chi^2_{0.025}(15)}\ ,\ \frac{(n-1)\ s^2}{\chi^2_{0.975}(15)}\right)=\left(\frac{15\ (5.2)^2}{27.488}\ ,\ \frac{15\ (5.2)^2}{6.262}\right)=(14.76\ ,\ 64.77)$$

따라서 표준편차 σ에 대한 95% 신뢰구간은 다음과 같이 계산된다.

$$(\sqrt{14.76}\ ,\ \sqrt{64.77})=(3.84\ ,\ 8.05)$$

② 모분산 σ^2 에 대한 95% 신뢰구간은 다음과 같다.

$$\left(\frac{(n-1)\ s^2}{\chi^2_{0.025}(29)}\ ,\ \frac{(n-1)\ s^2}{\chi^2_{0.975}(29)}\right)=\left(\frac{29\ (5.2)^2}{45.7}\ ,\ \frac{29\ (5.2)^2}{16.0}\right)=(17.16\ ,\ 49.01)$$

따라서 표준편차 σ에 대한 95% 신뢰구간은 다음과 같이 계산된다.

$$(\sqrt{17.16}\ ,\ \sqrt{49.01}\ ) = (4.14\ ,\ 7.00)$$

③ 모분산 σ^2 에 대한 95% 신뢰구간은 다음과 같다.

$$\left(\frac{(n-1)\,s^2}{\chi^2_{0.025}\,(100)}\ ,\ \frac{(n-1)\,s^2}{\chi^2_{0.975}\,(100)}\right) = \left(\frac{100\,(5.2)^2}{129.6}\ ,\ \frac{100\,(5.2)^2}{74.2}\right) = (20.86\ ,\ 36.44)$$

따라서 표준편차 σ에 대한 95% 신뢰구간은 다음과 같이 계산된다.

$$(\sqrt{20.86}\ ,\ \sqrt{36.44}\,) = (4.57\ ,\ 6.04)$$

표본의 크기가 16, 30, 101명으로 증가함에 따라 σ에 대한 95% 신뢰구간은 (3.84 , 8.05), (4.14 , 7.00), (4.57 , 6.04)으로 신뢰구간폭이 점점 좁아짐을 알 수 있다. 이러한 현상은 표본의 크기가 커짐에 따라 표본이 모집단을 보다 잘 반영하게 되고, 따라서 표본을 이용하여 실제 표준편차(모집단 표준편차)가 존재하는 구간을 동일한 신뢰수준에서 보다 정확히 추측할 수 있다는 의미로 해석할 수 있다.

7. 무작위로 추출한 25가구의 월 평균소득(표본평균)을 $\bar{x}$라고 하고, 소득의 분산(표본분산)을 s^2이라 하면, (모집단 분포는 정규분포를 한다고 가정)

① 전체가구 월평균 소득수준(모집단평균) μ에 대한 95% 신뢰구간은 다음과 같다.

$$(\bar{x} - t_{0.025}\,(24)\frac{s}{\sqrt{n}}\ ,\ \bar{x} + t_{0.025}\,(24)\frac{s}{\sqrt{n}}\ )$$

$$= (3500000 - 2.064\frac{200000}{\sqrt{25}}\ ,\ 3500000 + 2.064\frac{200000}{\sqrt{25}}\ ) = (3417440,\ 3582560)$$

② 모분산 σ^2에 대한 95% 신뢰구간은 다음과 같다.

$$(\frac{(n-1)s^2}{\chi^2_{0.025}\,(24)},\ \frac{(n-1)s^2}{\chi^2_{0.975}\,(24)}) = (\frac{24\,(200000)^2}{39.4}\ ,\ \frac{24\,(200000)^2}{12.4}\ )$$

따라서 표준편차 σ에 대한 95% 신뢰구간은 다음과 같이 계산된다.

$$(\sqrt{\frac{24\,(200000)^2}{39.4}}\ ,\ \sqrt{\frac{24\,(200000)^2}{12.4}}\ ) = (156094,\ 278243)$$

8. 무작위로 추출한 25명 표본에 대한 한달 평균 용돈(표본평균)을 $\bar{x}$라 하면, 실제 평균 용돈(모집단평균) μ에 대한 90% 신뢰구간은 다음과 같다.(모집단 분포는 정규분포를 한다고 가정)

$$(\bar{x} - t_{0.05}(24)\frac{s}{\sqrt{n}}, \ \bar{x} + t_{0.05}(24)\frac{s}{\sqrt{n}})$$

$$= (400000 - 1.711\frac{100000}{\sqrt{25}}, \ 400000 + 1.711\frac{100000}{\sqrt{25}}) = (365780, \ 434220)$$

9. 신뢰구간이란 표본으로부터 모집단평균을 추정하기 위하여 모집단평균이 실제로 존재하리라 생각되는 구간을 일정한 신뢰도로 표현한 것이지, 개별 관측값이 그 구간 내에 속할 확률을 나타내는 것은 아니다. 따라서 신뢰구간은 표본의 크기에 민감하게 반응하며 표본의 크기가 클수록 모집단평균의 추측이 정확해 지기 때문에 신뢰구간의 폭이 좁아지는 현상이 발생한다. 여기서 90% 신뢰구간이라는 말은 동일한 크기의 표본을 여러 개 만들어서 그에 대응하는 여러 개의 신뢰구간을 만들었을 경우 대략 90%의 신뢰구간이 모집단평균을 포함하고 있을 것이라는 의미이다. 따라서 관광객의 90%가 이 구간에서 소비를 하였다고 말할 수는 없다.

10. 무작위로 추출한 16명의 표본에 대한 분산(표본분산)을 s^2이라고 하면, 모분산 σ^2에 대한 95% 신뢰구간은 다음과 같다.

$$\left(\frac{(n-1)\,s^2}{\chi^2_{0.025}(15)}, \ \frac{(n-1)\,s^2}{\chi^2_{0.975}(15)}\right) = \left(\frac{15\,(150000)^2}{27.5}, \ \frac{15\,(150000)^2}{6.26}\right)$$

따라서 표준편차 σ에 대한 95% 신뢰구간은 다음과 같이 계산된다.

$$\left(\sqrt{\frac{15\,(150000)^2}{27.5}}, \ \sqrt{\frac{15\,(150000)^2}{6.26}}\right) = (110782\ , \ 232193)$$

11. 표본평균의 신뢰구간 $\overline{X} \pm z_{\alpha/2}\frac{\sigma}{\sqrt{n}}$의 관계로부터 최대허용오차는 $z_{\alpha/2}\frac{\sigma}{\sqrt{n}}$로 정의된다. 이 식을 문제에 적용하면 표본의 크기는 다음과 같이 계산된다.

$$z_{0.025}\frac{0.35}{\sqrt{n}} \leq 0.05 \text{로부터 } n \geq \left(\frac{0.35 \times 1.96}{0.05}\right)^2 = 188.24$$

따라서 95% 신뢰수준에서 최대허용오차를 0.05로 하려면 최소한 189명의 신생아에 대한 조사가 필요하다.

12. 표본비율의 신뢰구간 $\hat{p} \pm z_{\alpha/2}\sqrt{\frac{p(1-p)}{n}}$ 로부터 최대허용오차는 $z_{\alpha/2}\sqrt{\frac{p(1-p)}{n}}$ 로 정의된다. 이 식을 문제에 적용하면 표본의 크기를 다음과 같이 계산할 수 있다.

$$z_{\alpha/2}\sqrt{\frac{0.1(1-0.1)}{n}} \le 0.01 \text{로부터 } n \ge \left(\frac{2.58}{0.01}\right)^2 \times 0.1 \times 0.9 = 5990.76$$

따라서 99% 신뢰수준에서 최대허용오차를 0.01로 하기 위해서는 최소한 5,991개의 TV에 대한 조사가 필요하다.

13. 표본평균의 신뢰구간 $\overline{X} \pm z_{\alpha/2}\frac{\sigma}{\sqrt{n}}$ 의 관계로부터 최대허용오차는 $z_{\alpha/2}\frac{\sigma}{\sqrt{n}}$ 로 정의된다. 이 식을 문제에 적용하면 표본의 크기를 다음과 같이 계산할 수 있다.

$$z_{0.025}\frac{1.7}{\sqrt{n}} \le 0.3 \text{으로부터 } n \ge \left(\frac{1.7 \times 1.96}{0.3}\right)^2 = 123.35$$

따라서 95% 신뢰수준에서 최대허용오차를 0.3으로 하려면 최소한 124명의 학생에 대한 조사가 필요하다.

14. 표본비율의 신뢰구간 $\hat{p} \pm z_{\alpha/2}\sqrt{\frac{p(1-p)}{n}}$ 로부터 최대허용오차는 $z_{\alpha/2}\sqrt{\frac{p(1-p)}{n}}$ 으로 정의된다. 이 식을 문제에 적용하면 표본의 크기를 다음과 같이 계산할 수 있다.

$$z_{\alpha/2}\sqrt{\frac{0.6(1-0.6)}{n}} \le 0.02 \text{로부터 } n \ge \left(\frac{2.58}{0.02}\right)^2 \times 0.6 \times 0.4 = 3993.84$$

따라서 99% 신뢰수준에서 최대허용오차를 0.02로 하려면 최소한 3,994명의 환자에 대한 조사가 필요하다.

15. 주어진 문제를 식으로 표현하면 다음과 같다.

$P(\mu - 2\sigma \le \overline{X} \le \mu + 2\sigma) \ge 0.99$

여기서 $\overline{X}$의 기대값(평균)은 μ이고, 표준편차는 $\frac{\sigma}{\sqrt{n}}$ 이므로 모집단이 정규분포를 따른다고 가정하면,

$$P(\mu - 2\sigma \le \overline{X} \le \mu + 2\sigma) = P(\frac{\mu - 2\sigma - \mu}{\frac{\sigma}{\sqrt{n}}}) \le \frac{\overline{X} - \mu}{\frac{\sigma}{\sqrt{n}}} \le P(\frac{\mu + 2\sigma - \mu}{\frac{\sigma}{\sqrt{n}}})$$

$= P(-2\sqrt{n} \le Z \le 2\sqrt{n}) \ge 0.99$를 만족하는 n의 값을 구하면 된다.

그런데 표준정규분포표로부터 오른쪽 꼬리면적이 0.005가 되는 Z값은 2.575이므로 $2\sqrt{n} \geq 2.575$를 만족하는 n의 값을 구하면 $n \geq 1.66$이다. 따라서 문제에서 요구된 표본의 크기는 2 이상이다.

16. 주어진 문제는 최대허용오차를 2%(0.02)로 하는 표본의 크기를 구하는 문제로 $Z_{\frac{\alpha}{2}}\sqrt{\frac{p(1-p)}{n}} \leq 0.02$를 만족하는 n의 값을 구하는 것이다.

그런데 문제에서 모비율 p에 대한 정보가 주어져 있지 않으므로 $p(1-p)$의 값을 최대로 하는 p의 값으로 0.5를 가정한다.

따라서 $1.96\sqrt{\frac{0.5\times 0.5}{n}} \leq 0.02$로부터 $n \geq \frac{1.96^2}{4(0.02)^2} = 2401$

따라서 표본오차를 2% 이내로 하기 위해서 표본의 크기는 2,401(명) 이상이 되어야 한다.

17. 주어진 문제로부터 표본의 크기 $n = 100$, 표본비율 $\hat{p} = \frac{30}{100} = 0.3$임을 알 수 있다.

① 모비율 p에 대한 95% 신뢰구간은

$$\hat{p} \pm Z_{\frac{\alpha}{2}}\sqrt{\frac{\hat{p}(1-\hat{p})}{n}} = 0.3 \pm 1.96\sqrt{\frac{0.3(0.7)}{100}} = (0.210,\ 0.390)$$

② 95% 신뢰수준에서의 최대허용오차(신뢰구간 길이의 반)를 0.05로 하기 위한 n의 값을 구하는 문제이다.

따라서 $Z_{\frac{\alpha}{2}}\sqrt{\frac{p(1-p)}{n}} \leq 0.05$를 만족하는 n의 값을 구하면 된다. 그런데 여기서 p의 값은 모르므로 $p(1-p)$의 값을 최대로 하는 $p = 0.5$로 가정한다.

따라서 $1.96\sqrt{\frac{(0.5)(0.5)}{n}} \leq 0.05$로부터 $n \geq 384.16$

즉, 95% 신뢰수준에서 신뢰구간의 길이를 0.1 이내로 하기 위해서는 적어도 385명의 직원을 표본으로 추출해야 한다.

(참고 : 여기서 미지의 p의 값을 문제에서 주어진 $\hat{p}$의 값으로 가정하면 $1.96\sqrt{\frac{(0.3)(0.7)}{n}} \leq 0.05$로부터 $n \geq 322.69$로 필요한 표본의 크기는 감소함을 알 수 있다. 즉, p에 대한 정보가 어느 정도 있다면 같은 신뢰수준이라도 표본의 크기를 줄일 수 있음을 알 수 있다.)

알기쉬운 통계학

제9장 연습문제

필자들의 경험에 의하면 학생들이 가설검정에서 가장 혼란스러워 하는 것이 가설을 어떻게 설정하느냐 하는 것이다. 양측검정의 경우에는 귀무가설(기본가설)은 "="로, 대립가설은 "≠"로 설정하면 되나, 단측검정의 경우에는 대립가설을 "<"로 설정해야 할지 또는 ">"로 설정해야 할지 혼란스럽게 생각한다. 물론 단측검정의 경우에도 귀무가설의 형태는 항상 "="로 하거나 또는 대립가설의 형태에 따라 그 반대인 "≤"나 "≥"로 설정할 수 있다(예를 들어, 대립가설의 형태가 "<"이면 귀무가설의 형태는 "="나 "≥"로 설정하면 된다).

귀무가설이란 현재의 상태 또는 현재 우리가 믿고 있는 바이며, 대립가설이란 새로운 이론 또는 검증해 보고자 하는 새로운 사실을 일컫는다. 따라서 가설을 설정하는 기본 원칙은 항상 새로이 밝혀보고자 하는 바가 대립가설의 역할을 하며, 이 대립가설을 가설검정의 대상으로 삼는 것이다. 그리고 표본자료를 통해 대립가설을 받아들일만한 충분한 증거를 확보하게 되면 대립가설을 받아들이는 통계적 결정을 하게 되며, 반대로 대립가설을 받아들일만한 충분한 증거를 확보하지 못할 경우에는 현재 우리가 생각하고 있는 바(귀무가설)를 받아들이는(정확한 표현으로는 기각하지 못하는) 통계적 결정을 하게 되는 것이다. 따라서 가설검정 문제의 경우, 문제에서 특별한 언급(아래에 기술)이 없는 한 새로이 밝히고자 하는 바를 대립가설로 설정한다.

그러나 단측검정의 경우에는 교재에도 설명하였듯이 의사결정자가 누구이냐에 따라 귀무가설과 대립가설의 형태는 달라질 수 있다. 즉, 잘못된 의사결정을 하였을 경우 어느 쪽이 그 피해(위험)가 크냐에 따라 귀무가설과 대립가설의 형태는 달라질 수 있는데, 이는 가설검정을 누가 시행하느냐에 따라 보는 관점이 달라지기 때문이다. 예를 들어, IQ가 100 이상이라는 주장이 있는데, 이 주장을 귀무가설로 놓는 경우도 있다. 이러한 가설 형태는 특별한 이유가 있을 경우에만 IQ가 100 이하라는(정확하게는 100에 못 미친다는) 주장을 받아들이고 가급적이면 IQ가 100 이상이라는 주장을 유지하겠다는 의미이다. 반대로 IQ가 100 이상이라는(정확하게는 100을 초과한다는) 주장을 대립가설로 놓는 경우에는 가급적이면 IQ가 100 이하라는 주장을 유지하겠다는 의미이며 자료를 조사하여 특별한 이유가 있을 경우에만 IQ가 100 이상이라는(100을 초과한다는) 주장을 받아들이겠다는 의미이다. 이와 같이 단측검정의 경우 가설의 형태는 문제를 보는 관점에 따라 달라질 수도 있다는 것을 염두에 두기 바란다.

1. ① 제1종 오류란 “참인 귀무가설을 기각하는” 잘못을 말한다.
(참고 : 허위의 귀무가설을 옳다고 받아들이는 잘못은 제2종 오류이다.)
② 제1종 오류를 범할 가능성의 최대값을 유의수준이라 하는데, 이는 “가설검정을 실시하기 전에 미리 결정하여야 한다.”
③ 옳음.

2. 문제에서 μ를 하루 중 걸려오는 전화번호 문의 수에 대한 평균(모집단평균)이라고 하면 다음과 같은 과정을 통하여 통계적 가설검정을 할 수 있다.

(i) 가설의 설정과 유의수준 결정
좌측검정으로
$H_0 : \mu = 2000$ (즉, 안내방송은 효과가 없다.)
$H_1 : \mu < 2000$ (즉, 안내방송은 효과가 있으며 유의하게 문의 수가 줄었다.)
유의수준 $\alpha = 0.05$

(ii) 검정통계량(test statistics : T.S.) 결정
$$\text{검정통계량 (T.S.)} = \frac{\overline{X} - 2000}{100/\sqrt{30}} \sim N(0,1) \text{ (귀무가설이 참인 경우)}$$

(iii) 임계값(critical value) 및 기각역(critical region : C.R.) 결정
임계값 : $-z_{0.05} = -1.645$
기각역 (C.R.) : 검정통계량 (T.S.) $< -1.645 (= -z_{0.05})$

(iv) 검정통계량 값 계산
$$\text{검정통계량 값} = \frac{1800 - 2000}{100/\sqrt{30}} = -10.95$$

(v) 통계적 결정
검정통계량 값이 기각역에 속하므로 (임계값보다 작으므로) 유의수준 5%에서 귀무가설을 기각한다. 즉, 안내방송 효과로 인하여 유의수준 5%에서 통계적으로 유의하게 문의 수가 줄었다.

3. 문제에서 μ를 고등학교 학생의 IQ에 대한 평균(모집단평균)이라고 하면,
① 다음과 같은 과정을 통하여 통계적 가설검정을 할 수 있다.
(i) 가설의 설정과 유의수준 결정
우측검정으로
$H_0 : \mu = 100$, $H_1 : \mu > 100$, 유의수준 $\alpha = 0.05$

(ii) 검정통계량 결정

$$검정통계량(T.S.) = \frac{\overline{X} - 100}{11/\sqrt{100}} \sim N(0,1) \text{ (귀무가설이 참인 경우)}$$

(iii) 임계값 및 기각역 결정

임계값 : $z_{0.05} = 1.645$

기각역 (C.R.) : 검정통계량 (T.S.) $> 1.645 (= z_{0.05})$

(iv) 검정통계량 값 계산

$$검정통계량\ 값 = \frac{103.6 - 100}{11/\sqrt{100}} = 3.27$$

(v) 통계적 결정

검정통계량 값이 기각역에 속하므로 (임계값보다 크므로) 유의수준 5%에서 귀무가설을 기각한다. 즉, 고등학교 학생들의 평균 IQ가 적어도 100 이라는 주장을 유의수준 5%에서 받아들일 수 있다.

② 문제에서 기각역은 검정통계량(T.S.) $= \frac{\overline{X} - 100}{11/\sqrt{100}} > 1.645$ 으로 나타났으므로 이러한 기각역을 $\overline{X}$에 관한 형태로 바꾸어 보면 $\overline{X} > 100 + 1.645 \times 11/\sqrt{100} = 101.81$ 이 된다. 즉, 100명에 대한 표본평균값이 101.81보다 크면 유의수준 5%에서 귀무가설을 기각하는 통계적 결정을 내린다는 것이다. 문제에서 실제 IQ를 99라고 가정하였으므로 실제 모집단평균을 99라고 가정하였을 경우 101.81 이상의 표본평균 값을 가져서 귀무가설을 기각할 (즉, 평균 IQ가 적어도 100 이라는 가설을 받아들일) 확률을 계산하여 보면 다음과 같다.

$$P(\overline{X} > 101.81) = P\left(\frac{\overline{X} - 99}{11/\sqrt{100}} > \frac{101.81 - 99}{11/\sqrt{100}}\right) = P(Z > 2.55) = 0.0054$$

4. 문제에서 μ를 고등학교 야구팀 투수의 평균 투구속도에 대한 평균(모집단 평균)이라고 하면,

① 다음과 같은 과정을 통하여 통계적 가설검정을 할 수 있다.

(i) 가설의 설정과 유의수준 결정

좌측검정으로

$H_0 : \mu = 125,\ H_1 : \mu < 125,$ 유의수준 $\alpha = 0.05$

(ii) 검정통계량 결정

$$\text{검정통계량(T.S.)} = \frac{\overline{X} - 125}{2.5/\sqrt{12}} \sim t(11) \text{ (귀무가설이 참인 경우)}$$

(iii) 임계값 및 기각역 결정

임계값 : $-t_{0.05}(11) = -1.796$

기각역 (C.R.) : 검정통계량 (T.S.) $< -1.796 (= -t_{0.05}(11))$

(iv) 검정통계량 값 계산

$$\text{검정통계량 값} = \frac{121 - 125}{2.5/\sqrt{12}} = -5.54$$

(v) 통계적 결정

검정통계량 값이 기각역에 속하므로 (임계값보다 작으므로) 유의수준 5%에서 귀무가설을 기각한다. 즉, 고등학교 야구팀 투수의 평균 투구속도가 125㎞에 못 미친다는 주장을 유의수준 5%에서 받아들일 수 있다.

② 문제에서 기각역은 검정통계량 (T.S.) $= \dfrac{\overline{X} - 125}{2.5/\sqrt{12}} < -1.796$ 으로 나타났으므로 이러한 기각역을 $\overline{X}$에 관한 형태로 바꾸어 보면 $\overline{X} < 125 - 1.796 \times 2.5/\sqrt{12} = 123.70$이 된다. 즉, 12명에 대한 표본평균값이 123.7 이상이면 유의수준 5%에서 귀무가설을 기각하지 못하는(즉, 한국야구위원회의 주장을 기각하는) 통계적 결정을 내린다는 것이다. 문제에서 실제 평균 투구속도를 122.5㎞이라고 가정하였으므로 이 경우 123.7 이상의 표본평균 값을 가져서 귀무가설을 기각하지 못하는 확률을 계산하여 보면 다음과 같다.

$$P(\overline{X} \geq 123.7) = P\left(\frac{\overline{X} - 122.5}{2.5/\sqrt{12}} \geq \frac{123.7 - 122.5}{2.5/\sqrt{12}}\right) = P(T \geq 1.663)$$

여기서 T는 자유도가 11인 $t(11)$분포를 따르는 확률변수이다. 이에 대한 확률을 책에서 소개되어 있는 t분포표를 통한 보간법(interpolation)을 이용하여 계산하면 다음과 같다.

$t_{0.1}(11) = 1.363$, $t_{0.05}(11) = 1.796$로부터 t값이 0.433차이가 있는 경우 확률이 0.05 차이가 있으므로 t값이 0.133 차이(즉, $1.796 - 1.663$)가 있는 경우 확률의 차이를 계산하면 $\dfrac{0.133}{0.433} \times 0.05 = 0.0154$이다. 따라서 이 값에 0.05의 확률을 더하면 0.0654의 확률을 얻을 수 있다(참고로 t분포에 따른 정확한 확률은 0.0623이다).

5. 종이상자를 사용하였을 경우 좋은 반응을 보이는 소비자의 비율(모집단비율)을 p라고 하면, $np = 200 \times 0.4 = 80 \geq 5$와 $n \times (1-p) = 200 \times 0.6 = 120 \geq 5$의 조건을 만족하므로 표본비율 $\hat{p}$은 정규분포로 근사할 수 있다. 따라서 다음과 같은 과정을 통하여 통계적 가설검정을 한다.

(i) 가설의 설정과 유의수준 결정

우측검정으로

$H_0 : p = 0.4,\ H_1 : p > 0.4$, 유의수준 $\alpha = 0.05$

(ii) 검정통계량 결정

검정통계량(T.S.)$= \dfrac{\hat{p} - 0.4}{\sqrt{(0.4 \times 0.6)/200}} \sim N(0, 1)$(귀무가설이 참인 경우)

(iii) 임계값 및 기각역 결정

임계값 : $z_{0.05} = 1.645$

기각역 (C.R.) : 검정통계량 (T.S.) $> 1.645 (= z_{0.05})$

(iv) 검정통계량 값 계산

검정통계량 값 $= \dfrac{(70/200) - 0.4}{\sqrt{(0.4 \times 0.6)/200}} = -1.443$

(v) 통계적 결정

검정통계량 값이 기각역에 속하지 않으므로 유의수준 5%에서 귀무가설을 기각할 수 없다. 즉, 소비자의 40% 이상이 좋은 반응을 보이리라는 주장은 유의수준 5%에서 기각되며, 이에 따라 종이상자의 채택은 기각된다.

6. 아이스크림에 포함되어 있는 커피의 평균 함유량(모집단평균)을 μ라고 할 경우 다음과 같은 과정을 통하여 통계적 가설검정을 할 수 있다.

(i) 가설의 설정과 유의수준 결정

우측검정으로

$H_0 : \mu \leq 2,\ H_1 : \mu > 2$, 유의수준 $\alpha = 0.10$

(ii) 검정통계량 결정

검정통계량(T.S.)$= \dfrac{\overline{X} - 2}{0.95/\sqrt{100}} \sim N(0, 1)$(귀무가설이 참인 경우)

(iii) 임계값 및 기각역 결정

임계값 : $z_{0.10} = 1.28$

기각역 (C.R.) : 검정통계량 (T.S.)$> 1.28 (= z_{0.10})$

(iv) 검정통계량 값 계산

$$검정통계량\ 값 = \frac{2.3-2}{0.95/\sqrt{100}} = 3.158$$

(v) 통계적 결정

검정통계량 값이 기각역에 속하므로 유의수준 10%에서 귀무가설을 기각한다. 즉, 유의수준 10%에서 커피 함유량이 규정을 초과하고 있다고 볼 수 있다.

7. 판매 후 반납되는 비율(모집단비율)을 p라고 하면, $n \times p = 30 \times 0.05 = 1.5 < 5$로 정규근사의 조건을 만족하지 못하므로 이항분포를 이용하여 통계적 가설검정을 한다.

(i) 가설의 설정과 유의수준 결정

우측검정으로

$H_0 : p = 0.05$, $H_1 : p > 0.05$, 유의수준 $\alpha = 0.01$

(ii) 검정통계량 결정

확률변수 X를 30개의 판매한 제품 중에서 반납된 제품의 수라고 할 경우,

검정통계량 (T.S.) $= X \sim bin(30, 0.05)$ (귀무가설이 참인 경우)

(iii) 기각역 결정

귀무가설이 참인 경우의 확률을 이항분포표로부터 조사하여 보면

$P(X \geq 6) = 0.0033$, $P(X \geq 5) = 0.0157$이 된다.

따라서 기각역을 $X \geq 5$로 하였을 경우는 유의수준이 1.57%가 되며 $X \geq 6$으로 하였을 경우, 유의수준은 0.33%가 된다. 여기서는 문제에서 주어진 유의수준 1%에 가까운 기각역으로 $X \geq 5$을 잡기로 한다.

(만일 유의수준 1%를 보장받는 기각역을 정하고 싶다면 $X \geq 6$으로 정할 수 있다.)

(iv) 검정통계량 값 계산

$X = 7$ (문제에서 주어짐.)

(v) 통계적 결정

검정통계량 값이 기각역에 속하므로 유의수준 1%에서 귀무가설을 기각한다.

즉, 유의수준 1%에서 이 제품의 전체 반납률은 5%보다 높다고 볼 수 있다.

8. 주간대학을 정기구독하는 비율(모집단 비율)을 p라고 하면, $np = 30 \times 0.2 = 6 \geq 5$로 정규근사의 조건을 만족하므로 정규근사를 이용하여 통계적 가설검정을 한다.

(i) 가설의 설정과 유의수준 결정

우측검정으로

$H_0 : p = 0.2,\ H_1 : p > 0.2$, 유의수준 $\alpha = 0.05$

(ii) 검정통계량 결정

검정통계량(T.S.)= $\dfrac{\hat{p} - 0.2}{\sqrt{(0.2 \times 0.8)/30}} \sim N(0, 1)$ (귀무가설이 참인 경우)

(iii) 임계값 및 기각역 결정

임계값 : $z_{0.05} = 1.645$

기각역 (C.R.) : 검정통계량 (T.S.) $> 1.645 (= z_{0.05})$

(iv) 검정통계량 값 계산

검정통계량 (T.S.) = $\dfrac{7/30 - 0.2}{\sqrt{(0.2 \times 0.8)/30}} = 0.456$

(v) 통계적 결정

검정통계량 값이 기각역에 속하지 않으므로 유의수준 5%에서 귀무가설을 기각할 수 없다. 즉, 유의수준 5%에서 표본자료는 정기구독율이 20% 이상이라는 충분한 근거를 제시하지 못하고 있다.

9. μ를 제조회사에서 생산하는 전선의 평균 내구력(모집단평균)이라고 하면, 다음과 같은 과정을 통하여 통계적 가설검정을 할 수 있다.

(i) 가설의 설정과 유의수준 결정

우측검정으로

$H_0 : \mu = 2000,\ H_1 : \mu > 2000$, 유의수준 $\alpha = 0.01$

(ii) 검정통계량 결정

검정통계량 (T.S.)= $\dfrac{\overline{X} - 2000}{150/\sqrt{90}} \sim N(0,1)$ (귀무가설이 참인 경우)

(iii) 임계값 및 기각역 결정

임계값 : $z_{0.01} = 2.33$

기각역 (C.R.) : 검정통계량 (T.S.)$> 2.33 (= z_{0.01})$

(iv) 검정통계량 값 계산

검정통계량 값 = $\dfrac{2100 - 2000}{150/\sqrt{90}} = 6.32$

(v) 통계적 결정

검정통계량 값이 기각역에 속하므로 유의수준 1%에서 귀무가설을 기각한다. 즉, 유의수준 1%에서 신기술이 도입됨으로써 평균 내구력이 증가되었다고 볼 수 있다.

10. ① μ를 제조회사에서 생산하는 전선의 평균 내구력(모집단평균)이라고 하면,

(i) 가설의 설정과 유의수준 결정

우측검정으로

$H_0 : \mu = 150$, $H_1 : \mu > 150$, 유의수준 $\alpha = 0.01$

(ii) 검정통계량 결정

검정통계량(T.S.)$= \dfrac{\overline{X} - 150}{12/\sqrt{64}} \sim N(0,1)$ (귀무가설이 참인 경우)

(iii) 임계값 및 기각역 결정

임계값 : $z_{0.01} = 2.33$

기각역 (C.R.) : 검정통계량 (T.S.)$> 2.33 (= z_{0.01})$

그런데 여기서 기각역은 검정통계량 값 $= \dfrac{\overline{X} - 150}{12/\sqrt{64}} > 2.33$으로 표현된다. 그리고 이러한 기각역을 $\overline{X}$에 관한 형태로 바꾸어 보면 $\overline{X} > 150 + 2.33 \times 12/\sqrt{64} = 153.495$이 된다. 따라서 64개의 밧줄에 대한 표본평균 값이 153.495보다 크면 유의수준 1%에서 귀무가설을 기각하고 신제조공정을 채택하는 통계적 결정을 내린다. 이와는 반대로 64개의 밧줄에 대한 표본평균 값이 153.495 이하이면 유의수준 1%에서 귀무가설을 기각할 수 없다. 즉, 이 경우 유의수준 1%에서 신제조공정을 채택할 만한 충분한 근거를 확보하지 못하였기 때문에 구제조공정을 유지하는 통계적 결정을 내린다.

② 문제에서 실제 평균내구력을 155kg이라고 가정하였으므로, 이 경우 153.495 이하의 표본평균 값을 가져서 귀무가설을 기각하지 못하고 구제조공정과 차이가 없다는 통계적 결정을 내릴 확률은 다음과 같이 계산된다.

$$P(\overline{X} \le 153.495) = P\left(\frac{\overline{X} - 155}{12/\sqrt{64}} \le \frac{153.495 - 155}{12/\sqrt{64}}\right)$$
$$= P(Z \le -1.003) = 0.1587$$

11. σ^2을 금년에 입원한 환자의 연령에 대한 분산(모집단분산)이라고 하면, 다음과 같은 과정을 통하여 통계적 가설검정을 할 수 있다.

(i) 가설의 설정과 유의수준 결정

우측검정으로

$H_0 : \sigma^2 = 64$, $H_1 : \sigma^2 > 64$, 유의수준 $\alpha = 0.10$

(ii) 검정통계량 결정

$$\text{검정통계량(T.S.)} = \frac{(n-1)S^2}{\sigma^2} = \frac{59 \times S^2}{64} \sim \chi^2(59) \text{(귀무가설이 참인 경우)}$$

(iii) 임계값 및 기각역 결정

임계값 : $\chi^2_{0.10}(59) = 73.28$

기각역 (C.R.) : 검정통계량 (T.S.)$> 73.28 (= \chi^2_{0.10}(59))$

(참고 : 카이제곱 분포표를 보면 $\chi^2_{0.10}(60) = 74.4 \simeq 73.28 = \chi^2_{0.10}(59)$임을 확인할 수 있다. 위에서 임계값으로 사용한 수치는 컴퓨터를 사용하여 얻은 정확한 수치이며 교재의 부록에 있는 카이제곱 분포표에는 이에 대한 정확한 값이 소개되어 있지 않다. 교재의 부록에 있는 분포표를 이용하고자 한다면 자유도 59 대신에 자유도 60의 74.4를 값을 이용하여 기각역을 설정하여도 무방하다.)

(iv) 검정통계량 값 계산

$$\text{검정통계량 값} = \frac{59 \times 90}{64} = 82.97$$

(v) 통계적 결정

검정통계량 값이 기각역에 속하므로 유의수준 10%에서 귀무가설을 기각한다. 즉, 유의수준 10%에서 금년의 연령에 대한 분산은 작년의 연령에 대한 분산보다 높다고 말할 수 있다.

12. ① μ를 과자봉지에 들어있는 과자의 평균 무게(모집단평균)이라고 하면, 가설은 다음과 같다.

$H_0 : \mu = 400,\ H_1 : \mu < 400$ (좌측검정)

여기서 귀무가설에 회사측의 주장인 과자의 평균 무게는 400그램이라는 주장을 놓는다는 의미는 수집된 자료를 통하여 과자의 양이 400그램보다 현격히 줄어들었다는 증거를 확보하지 못한 경우라면 회사측의 주장을 유지하겠다는 의도이다. 따라서 가급적이면 회사의 주장을 받아들이겠다는 의미이며 이러한 의도는 회사의 관점에서 합당한 가설 설정이 될 것이다. 또한 회사측의 주장을 귀무가설로 놓음으로서 회사측의 주장이 사실임에도 불구하고 잘못하여 이 주장을 기각하는 제1종 오류가 일어날 가능성의 최대치인 유의수준을 사전에 설정할 수 있으므로 회사 입장에서는 회사가 불이익을 보는 확률을 통제할 수 있다.

② 이 경우 검정통계량은 다음과 같이 결정된다.

검정통계량 (T.S.) $= \dfrac{\overline{X}-400}{30/\sqrt{36}} \sim N(0,1)$ (귀무가설이 참인 경우)

(**참고** : 이 검정통계량의 정확한 분포는 귀무가설이 참인 경우 자유도가 35인 t분포를 따르지만, 표본의 크기가 어느 정도 크기 때문에 정규근사를 사용하기로 한다.)

그런데 표본평균이 390으로 관측되었으므로 검정통계량 값은 $\dfrac{390-400}{30/\sqrt{36}}=-2$가 되며 이 경우, 귀무가설을 기각하지 않기 위해서는(즉, 소비자들의 불평이 근거가 없다고 판단하기 위해서는) 임계값이 -2보다 작아야 한다. 즉, 유의수준은 $P(Z<-2)$ 이하이어야 한다. 그런데 $P(Z<-2)=0.0228$로 결국 유의수준이 2.28% 이하일 경우 소비자의 불평이 근거가 없다는 통계적 결정을 내릴 수 있다.

13. μ를 중소기업 임원의 월 평균급여(모집단평균)이라고 하면,

① 가설은 다음과 같이 설정할 수 있다.

$H_0 : \mu = 200$(만원) , $H_1 : \mu > 200$(만원) (우측검정)

② 이 경우 검정통계량은 다음과 같이 결정된다.

검정통계량 (T.S.)$= \dfrac{\overline{X}-200}{50/\sqrt{100}} \sim N(0,1)$ (귀무가설이 참인 경우)

(**참고** : 이 검정통계량의 정확한 분포는 귀무가설이 참인 경우 자유도가 99인 t분포를 따르지만, 표본의 크기가 크기 때문에 정규근사를 사용하기로 한다.)

이 경우 유의수준 5%에서의 기각역은 다음과 같이 결정된다.

기각역 (C.R.) : 검정통계량 (T.S.) $> 1.645 (= z_{0.05})$

즉, 기각역은 검정통계량 (T.S.)$= \dfrac{\overline{X}-200}{50/\sqrt{100}} > 1.645$로 표현되므로 이러한 기각역을 $\overline{X}$에 관한 형태로 바꾸어 보면 $\overline{X} > 200 + 1.645 \times 50/\sqrt{100} = 208.225$이 된다. 즉, 100개의 중소기업 임원에 대한 월 평균급여에 대한 표본평균 값이 208.225보다 크면 유의수준 5%에서 귀무가설을 기각하고 월 평균급여가 200만원이 넘는다는 한국경영자협회의 주장을 받아들이는 통계적 결정을 내리게 된다. 문제에서는 표본평균의 값이 210(만원)으로 조사되었으므로 기각역에 속하게 되어 유의수준 5%에서 귀무가설을 기각하는 통계적 결정을 내리게 된다. 즉, 유의수준 5%에서 월 평균급여가 200만원이 넘는다는 한국경영자협회의 주장을 받아들이는 통계적 결정을 내린다.

③ 만일 표본평균이 210(만원)으로 관측되었다면 검정통계량 값은 $\frac{210-200}{50/\sqrt{100}}=2$가 되며 이 경우, 귀무가설을 받아들이는(즉, 한국경영자협회의 주장을 기각하는) 통계적 결정을 내리기 위해서는 임계값이 2보다 커야 한다. 즉, 유의수준이 $P(Z>2)$ 이하이어야 한다. 따라서 귀무가설이 참인 경우 $P(Z>2)=0.0228$은 한국경영자협회의 주장(대립가설)을 기각하게 되는 최대한의 유의수준 값이 된다. 결국, 유의수준이 2.28% 이하일 경우 귀무가설을 기각하지 못하는 (한국경영자협회의 주장을 기각하는) 통계적 결정을 내리게 된다.

14. ① 옳음.

② 검정통계량 계산 $Z=\frac{\overline{X}-\mu}{\sigma_{\overline{X}}}=\frac{55-50}{20/\sqrt{100}}=2.5$

③ 검정통계량과 임계값의 비교 : $Z>z_\alpha$이면 귀무가설 기각, $Z\le z_\alpha$이면 귀무가설을 기각하지 못함.(참고 : 여기서 z_α는 $z_{0.05}=1.645$를 의미한다.)

④ 통계적 결정 : $Z>z_\alpha$이므로 X세대의 한달 평균용돈이 50만원을 초과한다는 주장을 유의수준 5%에서 받아들일 수 있다.

15. ① μ를 새로운 기계를 사용하였을 경우의 평균 물품제조시간(모집단평균)이라고 하면, 다음과 같은 가설을 설정할 수 있다.

$H_0:\mu=68$, $H_1:\mu<68$, 유의수준 $\alpha=0.05$ (좌측검정)

귀무가설에서 평균제조시간을 현재보다 8분 단축시키는 68분으로 놓고 대립가설에서는 평균제조시간을 68분보다 더 짧게 설정한 의미는 수집된 자료를 통해 평균제조시간이 68분보다 줄어들었다는 (즉, 현재보다 8분 이상 단축시킨다는) 증거를 확보하지 못하는 경우라면 기존의 기계를 그대로 사용함으로써 새로운 기계의 도입으로 발생하는 추가비용을 부담하지 않겠다는 경영자의 의도가 있다. 따라서 이 경우 가급적이면 기존의 기계를 사용하겠다는 의도이며 이러한 의도는 경영자 입장에서 합당한 가설 설정이 될 것이다. 또한 기존의 기계를 사용하는 결정을 귀무가설로 놓음으로써 실제로 새로운 기계가 물품제조시간을 8분 이상 단축시키지 못함에도 불구하고 잘못하여 새로운 기계를 도입하는 제1종 오류가 일어날 가능성의 최대치인 유의수준을 사전에 설정할 수 있으므로 경영자 입장에서는 회사가 불이익을 보는 확률을 통제할 수 있다.

(ii) 검정통계량 결정

$$\text{검정통계량(T.S.)} = \frac{\overline{X} - 68}{5/\sqrt{100}} \sim N(0,1) \text{ (귀무가설이 참인 경우)}$$

(iii) 임계값 및 기각역 결정

임계값 : $-z_{0.05} = -1.645$

기각역 (C.R.) : 검정통계량 (T.S.) $< -1.645 (= -z_{0.05})$

(iv) 검정통계량 값 계산

$$\text{검정통계량 값} = \frac{67-68}{5/\sqrt{100}} = -2$$

(v) 통계적 결정

검정통계량 값이 기각역에 속하므로 유의수준 5%에서 귀무가설을 기각한다. 즉, 유의수준 5%에서 새로운 기계는 기존의 기계와 비교하여 물품제조시간을 평균 8분 이상 단축시킨다고 볼 수 있다.

② 표본평균이 67분으로 관측되었다면 검정통계량 값은 $\frac{67-68}{5/\sqrt{100}} = -2$가 되며, 이 경우 귀무가설을 받아들이기 위해서는 임계값이 −2보다 작아야 한다. 즉, 유의수준이 $P(Z < -2)$ 이하이어야 한다. 따라서 귀무가설이 참인 경우 확률 $P(Z < -2) = 0.0228$은 새로운 기계가 물품제조시간을 8분 이상 단축시키지 못한다는 결론을 내릴 수 있는 최대한의 유의수준 값이 된다. 즉, 유의수준이 2.28% 이하일 경우 새로운 기계는 물품제조시간을 충분히(8분 이상) 단축시키지 못한다는 통계적 결정을 내릴 수 있다.

16. ① μ를 비타민이 습기나 열을 받은 후에 나타나는 평균 효능(모집단평균)이라고 하면, 다음과 같은 가설을 설정할 수 있다. (우측검정)

$H_0 : \mu = 65$, $H_1 : \mu > 65$, 유의수준 $\alpha = 0.05$

귀무가설에서 평균 효능을 65로 놓고, 대립가설에서 평균 효능이 65보다 크다라고 놓은 이유는 표본자료 조사를 통하여 평균 효능이 적어도 65라는 충분한 증거가 없으면 새로운 비타민의 효능이 기존 비타민의 효능과 동일하다는 통계적 의사결정을 내리겠다는 의도가 있다. 이러한 가설 설정은 연구자 입장에서는 매우 일반적인 가설 설정 방법이다. 즉, 새로운 비타민이 기존의 비타민보다 월등히 나은 효능을 보이지 않을 경우에는 동일한 효능이 있다고 보는 것이다.

② 제1종 오류는 귀무가설이 사실인데도 불구하고 이를 기각하는 오류로서 새로운 비타

민이 습기나 열을 받은 후에 기존의 비타민과 평균 효능면에서 특별한 차이가 없음에도 불구하고 (즉, 65 이하의 효능을 보임에도 불구하고) 적어도 65의 효능이 있다고 잘못 통계적 결정을 내리는 오류를 말한다. 제2종 오류는 이와는 반대로 귀무가설이 거짓인데도 불구하고 이를 받아들이는 오류로서 새로운 비타민이 습기나 열을 받은 후에 기존의 비타민보다 평균 효능면에서 특별한 차이가 있음에도 불구하고(즉, 적어도 65의 효능을 보임에도 불구하고) 65 이하의 효능이 있다고 잘못 통계적 결정을 내리는 오류를 말한다.

③ 검정통계량 결정은 다음과 같은 과정을 통하여 결정된다.

검정통계량(T.S.)= $\dfrac{\overline{X}-65}{6/\sqrt{100}} \sim N(0,1)$ (귀무가설이 참인 경우)

이에 따른 기각역은 다음과 같이 결정된다.

기각역 (C.R.) : 검정통계량 (T.S.) $> 1.645 (= z_{0.05})$

따라서 기각역은 검정통계량 (T.S.)= $\dfrac{\overline{X}-65}{6/\sqrt{100}} > 1.645$로 표현되므로 이러한 기각역을 $\overline{X}$에 관한 형태로 바꾸어 보면 $\overline{X} > 65 + 1.645 \times 6/\sqrt{100} = 65.987$이 된다. 즉, 100개의 새로운 비타민의 평균 효능(표본평균)이 65.987보다 크면 유의수준 5%에서 귀무가설을 기각하고 이를 제조한 회사측의 주장을 받아들일 수 있다는 것이다. 따라서 문제에서 요구하는 귀무가설을 기각하지 못하게 되는 영역(채택역)은 표본으로 추출된 100개의 새로운 비타민의 평균 효능이 65.987보다 작은 경우로서 $\overline{X} < 65.987$이다.

17. 서강맥주를 선호하는 사람들의 비율(모집단비율)을 p라고 하면, $np = 200 \times 0.4 = 80 \geq 5$의 조건을 만족하므로 표본비율 $\hat{p}$의 분포는 정규분포로 근사할 수 있다. 따라서 다음과 같은 과정을 통하여 통계적 가설검정을 한다.

(i) 가설의 설정과 유의수준 결정

우측검정으로

$H_0 : p = 0.4,\ H_1 : p > 0.4$, 유의수준 $\alpha = 0.05$

(ii) 검정통계량 결정

검정통계량(T.S.)= $\dfrac{\hat{p}-0.4}{\sqrt{(0.4 \times 0.6)/200}} \sim N(0,1)$(귀무가설이 참인 경우)

(iii) 임계값 및 기각역 결정

임계값 : $z_{0.05} = 1.645$

기각역 (C.R.) : 검정통계량 (T.S.) $> 1.645 (= z_{0.05})$

(ⅳ) 검정통계량 값 계산

$$검정통계량\ 값 = \frac{(90/200) - 0.4}{\sqrt{(0.4 \times 0.6)/200}} = 1.443$$

(ⅴ) 통계적 결정

검정통계량 값이 기각역에 속하지 않으므로 유의수준 5%에서 귀무가설을 기각할 수 없다. 즉, 맥주를 즐겨 마시는 사람들 중에서 40% 이상이 서강맥주를 선호한다는 회사측의 주장은 유의수준 5%에서 타당하지 않다.

18. 새로운 쓰레기 처리시설의 하루 평균 쓰레기 처리량(모집단평균)을 μ라 놓으면

① 다음과 같은 과정을 통하여 가설을 검정할 수 있다.

(ⅰ) 가설의 설정과 유의수준 결정

우측검정으로

$H_0 : \mu = 500$, $H_1 : \mu > 500$, $\alpha = 0.01$

(ⅱ) 검정통계량 결정

$$검정통계량\ (T.S.) = \frac{\overline{X} - 500}{\frac{120}{\sqrt{100}}} \sim N(0,1)\ (귀무가설이\ 참인\ 경우)$$

(ⅲ) 임계값 및 기각역 결정

임계값 : $z_{0.01} = 2.33$

기각역 (C.R.) : 검정통계량 (T.S.) $> 2.33 (= z_{0.01})$

(ⅳ) 검정통계량 값 계산

$$검정통계량\ 값 = \frac{520 - 500}{\frac{120}{\sqrt{100}}} = 1.67$$

(ⅴ) 통계적 결정

검정통계량 값이 기각역에 속하지 않으므로 유의수준 1%에서 귀무가설을 기각할 수 없다. 즉, 유의수준 1%에서 새로운 시설은 하루 평균 500톤 이상의 일반 쓰레기를 처리할 수 있다고 볼 수 없다.

② 한국기계의 주장이 통계적으로 인정되기 위해서는(즉, 귀무가설을 기각하고 대립가설을 받아들이기 위해서는), 임계값이 ①의 검정통계량 값(1.67)보다 작아야 하며, 이는 유의수준이 적어도 $P(Z > 1.67)$이 되어야 함을 의미한다. 따라서 $P(Z > 1.67) = 0.0475$로 유의수준은 4.75% 이상이 되어야 한다.

19. 문제에서 주어진 표본의 평균은 63, 표준편차는 5이며, 모집단이 정규분포를 하므로 표본의 크기가 작더라도 표본의 평균 $\overline{X} \sim N(\mu, \frac{\sigma^2}{n})$의 분포를 따른다.

① 모집단평균 μ의 95% 신뢰구간은

$$\overline{x} \pm z_{0.025}\frac{\sigma}{\sqrt{n}} = 63 \pm 1.96\frac{5}{\sqrt{5}} = (58.62, 67.38)$$

② 양측검정을 위한 가설을 설정하면 다음과 같다.

$H_0 : \mu = 65,\ H_1 : \mu \neq 65$

검정통계량은 귀무가설이 참이라는 가정하에 $\dfrac{\overline{X} - \mu_0}{\dfrac{\sigma}{\sqrt{n}}}$이므로 검정통계량의 값은 $\dfrac{63-65}{\dfrac{5}{\sqrt{5}}} = -0.89$이다. 따라서 관찰된 유의수준인 $p-$값은 $2 \times P(Z > 0.89)$ $= 0.3734$이다.

유의수준이 만일 5%라면 $p-$값이 유의수준보다 크므로 귀무가설은 기각할 수 없으며, 이 반의 통계학 점수의 평균이 65점이라는 한 학생의 주장은 유의수준 5%에서 타당성을 갖는다. 일반적으로 $p-$값이 유의수준보다 크거나 같은 경우 귀무가설을 기각하지 못하는 통계적 결정을 내린다.

20. ① 제1종 오류는 귀무가설이 사실인데도 불구하고 귀무가설을 잘못 기각시키는 통계적 결정을 내리는 것으로서, 이에 대한 확률을 계산하면 다음과 같다.

제1종 오류의 가능성 $= P$(귀무가설을 기각 — 실제분포가 p_0이다.)

$= P$(X의 값이 1 또는 6 — 실제분포가 p_0이다.)

$= 0.2 + 0.3 = 0.5$

② 제2종 오류란 귀무가설이 거짓임에도 불구하고(즉, 대립가설이 참임에도 불구하고), 귀무가설을 기각하지 못하고 받아들이는 통계적 결정을 내리는 것으로서, 이에 대한 확률을 계산하면 다음과 같다.

제2종 오류의 가능성$= P$(귀무가설을 기각하지 못함$-$실제분포가 p_1이다.)

$= P$(X의 값이 2, 3, 4, 5로 나타나는 사건$-$실제분포가 p_1이다.)

$= 0.2 + 0.2 + 0.3 + 0.1 = 0.8$

(참고 : 한 개의 X 값을 관측하고, 이 값을 검정통계량으로 하여 기각역을 X의 값이 1이나 6으로 설정하는 통계적 가설검정에 대한 유의수준(α)는 제1종 오류의 가능성

인 0.5가 된다. 만일 유의수준을 0.1로 하는 통계적 가설검정에 해당하는 기각역을 만들고자 한다면, 다음과 같은 3 종류의 기각역을 설정할 수 있다.

기각역1 : $X=2$, 유의수준 : $\alpha=0.1$

기각역2 : $X=3$, 유의수준 : $\alpha=0.1$

기각역3 : $X=5$, 유의수준 : $\alpha=0.1$)

21. ① (1) 확률변수 : 박원순 후보 표본지지율 $\widehat{p_1}$

(또는 표본조사 대상자 1,014명중 박원순 후보를 지지하는 유권자의 수 X를 확률변수로 볼 수 있음. 이 경우 $\widehat{p_1}=\dfrac{X}{1014}$)

정몽준 후보 표본지지율 $\widehat{p_2}$

(또는 표본조사 대상자 1,014명중 정몽준 후보를 지지하는 유권자의 수 Y를 확률변수로 볼 수 있음. 이 경우 $\widehat{p_2}=\dfrac{Y}{1014}$)

(2) 확률분포 : 정규근사에 의하여 표본지지율 $\widehat{p_1} \sim N(p_1, \dfrac{p_1(1-p_1)}{n_1})$

(또는 $X \sim bin(n_1, p_1)$)

여기서 p_1=박원순 후보의 실제지지율(모집단비율)

n_1=1014

bin : 이항분포

$\widehat{p_2} \sim N(p_2, \dfrac{p_2(1-p_2)}{n_2})$

(또는 $Y \sim bin(n_2, p_2)$)

여기서 p_2=정몽준 후보의 실제지지율(모집단비율)

n_2=1014

bin : 이항분포

(3) 관심있는 분포에 대한 모수 :

p_1 : 박원순 후보 실제지지율

p_2 : 정몽준 후보 실제지지율

(4) 관심있는 모수에 대한 추정량

$\widehat{p_1}$: 박원순 후보 표본지지율(즉, $\dfrac{X}{1014}$)

$\hat{p_2}$: 정몽준 후보 표본지지율(즉, $\frac{Y}{1014}$)

(참고 1 : 여기서 표본조사결과 $\hat{p_1}=0.510$, $\hat{p_2}=0.354$이므로 0.510은 추정량(확률변수) $\hat{p_1}$ 의 추정값이며, 0.354는 추정량(확률변수) $\hat{p_2}$의 추정값이다.)

(참고 2 : 강남 4구에서의 박원순 후보의 표본지지율($\hat{p_3}$=46.6%)와 정몽준 후보의 표본지지율($\hat{p_4}$=39.4%)도 모수에 대한 추정량으로 볼 수 있다.)

② 박원순 후보 지지율($\hat{p_1}$)에 대한 95% 신뢰구간은

$$\hat{p_1} \pm z_{0.025}\sqrt{\frac{\hat{p_1}(1-\hat{p_1})}{n_1}} = 0.510 \pm 1.96\sqrt{\frac{0.510(0.490)}{1014}} = (0.479,\ 0.541)$$

정몽준 후보 지지율($\hat{p_2}$)에 대한 95% 신뢰구간은

$$\hat{p_2} \pm z_{0.025}\sqrt{\frac{\hat{p_2}(1-\hat{p_2})}{n_2}} = 0.354 \pm 1.96\sqrt{\frac{0.354(0.646)}{1014}} = (0.325,\ 0.383)$$

두 후보 지지율에 대한 신뢰구간은 겹치는 부분이 없으므로 p_1과 p_2가 서로 비슷할 가능성은 희박하다. 구체적으로, 두 후보의 신뢰구간을 살펴보면 박원순 후보의 실제 지지율이 포함될 신뢰구간의 하한값이 정몽준 후보의 실제지지율이 포함될 신뢰구간의 상한값보다 큼을 알 수 있다. 이러한 사실은 박원순 후보의 지지율과 정몽준 후보의 지지율이 뚜렷한 차이를 보인다고 95% 확신을 가지고 말할 수 있는 근거가 되며, 박원순 후보의 실제지지율이 정몽준 후보의 실제지지율보다 높음을 짐작하게 한다.

③ 표본의 크기가 충분히 클 경우, 모집단비율(p)에 대한 95% 신뢰구간을 나타내는 식은 원래 다음과 같다.

$$\hat{p} \pm z_{0.025}\sqrt{\frac{p(1-p)}{n}}$$

여기서, $\hat{p}$은 표본비율, n은 표본의 크기를 나타낸다.

그런데 p에 대한 신뢰구간을 구할 때 우리는 모집단비율(p)의 값을 모르므로, 표본의 크기가 충분히 크다는 가정하에 p 대신 $\hat{p}$을 이용하여 신뢰구간을 계산하였다.

여기서 표본오차는 신뢰구간 식에서 $\pm z_{0.025}\sqrt{\frac{p(1-p)}{n}}$ 를 말하는 것으로 이 경우 p의 값을 모르므로 가장 불리할 경우를 가정하여 $p(1-p)$를 최대화하는 (즉, 표본오차를 가장 크게 하는) p=0.5를 이용한다.

따라서 이 문제의 경우 두 후보 모두 표준오차는

$$\pm z_{0.025}\sqrt{\frac{p(1-p)}{n}} = \pm 1.96\sqrt{\frac{0.5(0.5)}{1014}} = \pm 0.031 = \pm 3.1(\%)$$

임을 확인할 수 있다.

④ 최대허용오차를 0.005로 하는 표본의 크기(n)를 구하는 문제이다.

즉, $z_{0.025}\sqrt{\frac{p(1-p)}{n}} \leqq 0.005$를 만족하는 n을 구하면 된다. (여기서 p는 모르는 값이므로 가장 불리한 경우를 가정하여 0.5로 한다.)

따라서 $n \geqq \frac{(1.96)^2}{4(0.005)^2} = 38,416$이므로 적어도 38,416(명)을 표본으로 조사하여야 한다.

⑤ 정몽준 후보의 지지율(모집단비율)을 p라고 하면, 가설은 다음과 같이 설정된다.

H_0: $p = 0.5$, H_1: $p > 0.5$, 유의수준 α=0.05

검정통계량은 귀무가설이 참이라는 가정하에 $\frac{\hat{p}-p_0}{\sqrt{\frac{p_0(1-p_0)}{n}}} \sim N(0,1)$이다.

따라서 검정통계량의 값은 $\frac{\hat{p}-p_0}{\sqrt{\frac{p_0(1-p_0)}{n}}} = \frac{0.354-0.5}{\sqrt{\frac{0.5(0.5)}{1014}}} = -9.30$이다.

그런데 임계값은 $z_{0.05} = 1.645$로 검정통계량 값이 임계값보다 작으므로 귀무가설을 기각할 수 없다. 따라서 새누리당 측의 주장은 유의수준 5%에서 설득력이 없다고 말할 수 있다.

알기쉬운 통계학

제10장 연습문제

1. A상표 전구에 대한 평균수명(모집단평균)을 μ_A라 하고, B상표 전구에 대한 평균수명(모집단평균)을 μ_B라 하면 정규근사를 이용하여 다음의 문제를 풀 수 있다.

① 두 상표의 평균수명 차이인 $\mu_A - \mu_B$에 대한 95% 신뢰구간은 다음과 같다.

$$\left((\overline{x}_A - \overline{x}_B) - z_{0.025}\sqrt{\frac{s_A^2}{n_A} + \frac{s_B^2}{n_B}}\ ,\ (\overline{x}_A - \overline{x}_B) + z_{0.025}\sqrt{\frac{s_A^2}{n_A} + \frac{s_B^2}{n_B}}\right)$$

$$= \left((1500 - 1300) - 1.96\sqrt{\frac{150^2}{200} + \frac{100^2}{250}}\ ,\ (1500 - 1300) + 1.96\sqrt{\frac{150^2}{200} + \frac{100^2}{250}}\right)$$

$$= (200 - 1.96 \times 12.35\ ,\ 200 + 1.96 \times 12.35) = (175.79\ ,\ 224.21)$$

② 다음과 같은 과정을 통하여 통계적 가설검정을 할 수 있다.

(i) 가설의 설정과 유의수준 결정

$H_0 : \mu_A - \mu_B = 0$, $H_1 : \mu_A - \mu_B > 0$, 유의수준 $\alpha = 0.05$

(ii) 검정통계량 결정

$$\text{검정통계량 (T.S.)} = \frac{(\overline{X}_A - \overline{X}_B) - 0}{\sqrt{\frac{150^2}{200} + \frac{100^2}{250}}} \sim N(0,1) \text{ (귀무가설이 참인 경우)}$$

(iii) 기각역 결정

기각역 (C.R.) : 검정통계량 (T.S.) $> 1.645 (= z_{0.05})$

(iv) 검정통계량 값 계산

$$\text{검정통계량 값} = \frac{(1500 - 1300) - 0}{\sqrt{\frac{150^2}{200} + \frac{100^2}{250}}} = 16.19$$

(v) 통계적 결정

검정통계량 값이 기각역에 속하므로 유의수준 5%에서 귀무가설을 기각한다. 즉, 유의수준 5%에서 A상표 전구의 평균수명은 B상표 전구의 평균수명보다 길다고 볼 수 있다.

2. 훈련전의 평균 조립시간(모집단평균)을 μ_1이라 하고, 훈련후의 평균 조립시간(모집단평균)을 μ_2라 하면 다음과 같이 가설을 설정할 수 있다.

$$H_0 : \mu_1 - \mu_2 = 0,\ H_1 : \mu_1 - \mu_2 > 0$$

하지만 이 문제는 독립된 두 모집단의 모집단 평균 차이를 파악하는 문제가 아니라 서로 종속된 모집단의 평균 차이를 파악하는 문제이다. 즉, 두 모집단에 작업자라는 혼란변수(confounding variable)가 있어서 훈련 전과 훈련 후의 조립시간 차이가 작업자의 특성에 영향을 받는 쌍대자료 (paired data)가 된다. 따라서 작업자의 효과를 제거할 수 있는 쌍대 t검정을 이용하여 문제를 풀어야 한다. 특정 작업자의 훈련 전 조립시간을 X_1이라 하고 훈련 후 조립시간을 X_2라 하면, 새로운 확률변수 $D = X_1 - X_2$는 훈련 전과 훈련 후의 조립시간 차이를 나타낸다. 주어진 자료를 이용하여 계산한 조립시간 차이에 대한 10명 작업자의 표본평균($\overline{D}$)은 3이며 표본표준편차(S_D)는 3.1269이다.

① 다음과 같은 과정을 통하여 통계적 가설검정을 할 수 있다.

(i) 가설의 설정과 유의수준 결정

$H_0 : \mu_1 - \mu_2 = 0,\ H_1 : \mu_1 - \mu_2 > 0$, 유의수준 $\alpha = 0.05$

(ii) 검정통계량 결정

검정통계량 (T.S.)$= \dfrac{\overline{D} - 0}{3.1269/\sqrt{10}} \sim t(9)$ (귀무가설이 참인 경우)

(iii) 기각역 결정

기각역 (C.R.) : 검정통계량 (T.S.)$> 1.833 (= t_{0.05}(9))$

(iv) 검정통계량 값 계산

검정통계량 값 $= \dfrac{3-0}{3.1269/\sqrt{10}} = 3.034$

(v) 통계적 결정

검정통계량 값이 기각역에 속하므로 유의수준 5%에서 귀무가설을 기각한다. 즉, 유의수준 5%에서 훈련이 조립시간을 단축하는 효과가 있다고 볼 수 있다.

② 훈련 전후의 평균 조립시간 차이인 $\mu_1 - \mu_2$에 대한 95% 신뢰구간은 다음과 같다.

$$\left(\overline{d} - t_{0.025}(9)\frac{s_D}{\sqrt{n}},\ \overline{d} + t_{0.025}(9)\frac{s_D}{\sqrt{n}}\right)$$

$$= \left(3 - 2.262 \times \frac{3.1269}{\sqrt{10}},\ 3 + 2.262 \times \frac{3.1269}{\sqrt{10}}\right) = (0.76, 5.24)$$

3. 초록색 샴푸의 주당 평균 판매량(모집단평균)을 μ_1이라 하고, 분홍색 샴푸의 주당 평균

판매량(모집단평균)을 μ_2 라 하면 다음과 같이 가설을 설정할 수 있다.

$$H_0 : \mu_1 - \mu_2 = 0,\ H_1 : \mu_1 - \mu_2 \neq 0$$

그런데 이 문제는 서로 종속된 모집단의 평균 차이를 파악하는 문제이다. 즉, 판매가 이루어진 시기(문제에서는 "주"로 표시된다)라는 혼란변수(confounding variable)가 두 종류 샴푸의 판매량에 영향을 주기 때문에 문제에서 주어진 자료는 쌍대 자료 (paired data)가 된다. 따라서 쌍대 t검정을 이용하여 문제를 풀어야 한다. 특정 주 동안의 초록색 샴푸의 판매량을 X_1이라 하고 분홍색 샴푸의 판매량을 X_2라 하면, 새로운 확률변수 $D = X_1 - X_2$는 두 종류 샴푸 판매량의 차이를 나타낸다. 주어진 자료를 이용하여 계산한 조립시간 차이에 대한 10주 동안의 표본평균($\overline{D}$)은 -5이며 표본표준편차(S_D)는 3.972이다. 이와 같은 사실을 이용하여 다음과 같은 과정을 통하여 통계적 가설검정을 할 수 있다.

(i) 가설의 설정과 유의수준 결정

$H_0 : \mu_1 - \mu_2 = 0,\ H_1 : \mu_1 - \mu_2 \neq 0$, 유의수준 $\alpha = 0.01$

(ii) 검정통계량 결정

검정통계량 (T.S.)$= \dfrac{\overline{D} - 0}{3.972/\sqrt{10}} \sim t(9)$ (귀무가설이 참인 경우)

(iii) 기각역 결정

기각역 (C.R.) : 검정통계량 (T.S.)의 절대값$> 3.25\,(= t_{0.005}(9))$

(즉, 검정통계량 값 > 3.25 또는 검정통계량 값 < -3.25)

(iv) 검정통계량 값 계산

검정통계량 값 $= \dfrac{-5-0}{3.972/\sqrt{10}} = -3.98$

(v) 통계적 결정

검정통계량 값이 기각역에 속하므로 유의수준 1%에서 귀무가설을 기각한다. 즉, 유의수준 1%에서 두 색상에 따른 샴푸의 평균 판매량은 차이가 있다고 말할 수 있다. 주어진 자료를 보면 분홍색의 샴푸가 더 많이 판매되었음을 확인할 수 있다.

4. 남학생의 평균키(모집단평균)를 μ_M이라 하고, 여학생의 평균키(모집단평균)를 μ_W라 하면 정규근사를 이용하여 다음과 같은 통계적 가설검정을 할 수 있다.

(i) 가설의 설정과 유의수준 결정

$H_0 : \mu_M - \mu_W = 10,\ H_1 : \mu_M - \mu_W > 10$, 유의수준 $\alpha = 0.05$

(ii) 검정통계량 결정

$$\text{검정통계량 (T.S.)} = \frac{(\overline{X}_M - \overline{X}_W) - 10}{\sqrt{\frac{5.2^2}{50} + \frac{5.7^2}{50}}} \sim N(0,1) \text{ (귀무가설이 참인 경우)}$$

(iii) 기각역 결정

기각역 (C.R.) : 검정통계량 (T.S.) $> 1.645 (= z_{0.05})$

(iv) 검정통계량 값 계산

$$\text{검정통계량 값} = \frac{(169.2 - 158.7) - 10}{\sqrt{\frac{5.2^2}{50} + \frac{5.7^2}{50}}} = 0.4587$$

(v) 통계적 결정

검정통계량 값이 기각역에 속하지 않으므로 유의수준 5%에서 귀무가설을 기각할 수 없다. 즉, 유의수준 5%에서 본 자료는 남학생의 평균키가 여학생의 평균키보다 10cm 이상 크다는 주장을 받아들일 만한 충분한 증거가 되지 못한다.

5. A도시에 거주하는 가구의 월 평균소득(모집단평균)을 μ_A라 하고, B도시에 거주하는 가구의 월 평균소득(모집단평균)을 μ_B라 하면, 두 모집단 표준편차가 같다고 가정하였으므로(등분산 가정) 두 표본에 대한 통합표본표준편차(pooled sample standard deviation) s_p는 다음과 같이 계산할 수 있다.

$$s_p = \sqrt{\frac{(n_A - 1)s_A^2 + (n_B - 1)s_B^2}{n_A + n_B - 2}} = \sqrt{\frac{14 \times 20^2 + 16 \times 18^2}{15 + 17 - 2}} = 18.96$$

① 두 도시의 월 평균소득 차이인 $\mu_A - \mu_B$에 대한 90% 신뢰구간은 다음과 같다.

$$(\overline{x}_A - \overline{x}_B) \pm t_{0.05}(30)\, s_p \sqrt{\frac{1}{n_A} + \frac{1}{n_B}}$$

$$= (120 - 115) \pm 1.697 \times 18.96 \times \sqrt{\frac{1}{15} + \frac{1}{17}}$$

$$= 5 \pm 1.697 \times 6.7165 = (-6.398, 16.398)$$

② 다음과 같은 과정을 통하여 통계적 가설검정을 할 수 있다.

(i) 가설의 설정과 유의수준 결정

$H_0 : \mu_A - \mu_B = 0$, $H_1 : \mu_A - \mu_B > 0$, 유의수준 $\alpha = 0.05$

(ii) 검정통계량 결정

$$\text{검정통계량 (T.S.)} = \frac{(\overline{X}_A - \overline{X}_B) - 0}{18.96\sqrt{\frac{1}{15} + \frac{1}{17}}} \sim t(30) \text{ (귀무가설이 참인 경우)}$$

(iii) 기각역 결정

기각역 (C.R.) : 검정통계량 (T.S.)$> 1.697(= t_{0.05}(30))$

(iv) 검정통계량 값 계산

$$\text{검정통계량 값} = \frac{(120 - 115) - 0}{18.96\sqrt{\frac{1}{15} + \frac{1}{17}}} = 0.744$$

(v) 통계적 결정

검정통계량 값이 기각역에 속하지 않으므로 유의수준 5%에서 귀무가설을 기각할 수 없다. 즉, 유의수준 5%에서 A도시의 평균소득이 B도시의 평균소득보다 높다고 주장할 수 없다.

6. 아침에 TV를 방영하는데 찬성하는 여자의 비율을 p_W라 하고, 남자의 비율을 p_M이라 하면,

① 남자와 여자의 찬성 비율에 대한 차이 $p_M - p_W$에 대한 95% 신뢰구간은 다음과 같다.

$$(\hat{p}_M - \hat{p}_W) \pm z_{0.025}\sqrt{\frac{\hat{p}_M(1-\hat{p}_M)}{n_M} + \frac{\hat{p}_W(1-\hat{p}_W)}{n_W}}$$

$$= \left(\frac{50}{150} - \frac{60}{100}\right) \pm 1.96 \times \sqrt{\frac{\frac{50}{150}\left(1 - \frac{50}{150}\right)}{150} + \frac{\frac{60}{100}\left(1 - \frac{60}{100}\right)}{100}}$$

$$= -0.267 \pm 1.96 \times 0.0623 = (-0.389, -0.145)$$

② 다음과 같은 과정을 통하여 통계적 가설검정을 할 수 있다.

(i) 가설의 설정과 유의수준 결정

$H_0 : p_M - p_W = 0$, $H_1 : p_M - p_W < 0$, 유의수준 $\alpha = 0.05$

(ii) 검정통계량 결정

$$\text{검정통계량 (T.S.)} = \frac{(\hat{p}_M - \hat{p}_W) - 0}{\sqrt{\hat{p}(1-\hat{p})(\frac{1}{n_M} + \frac{1}{n_W})}} \sim N(0,1)$$

$$\text{여기서 } \hat{p} = \frac{n_M \hat{p}_M + n_W \hat{p}_W}{n_M + n_W} = \frac{150 \times \frac{50}{150} + 100 \times \frac{60}{100}}{150 + 100} = 0.44$$

(귀무가설이 참인 경우)

(iii) 기각역 결정

기각역 (C.R.) : 검정통계량 (T.S.) $< -1.645 (= -z_{0.05})$

(iv) 검정통계량 값 계산

$$\text{검정통계량 값} = \frac{\left(\frac{50}{150} - \frac{60}{100}\right) - 0}{\sqrt{0.44(1-0.44)\left(\frac{1}{150} + \frac{1}{100}\right)}} = -4.16$$

(v) 통계적 결정

검정통계량 값이 기각역에 속하므로 유의수준 5%에서 귀무가설을 기각한다. 즉, 유의수준 5%에서 남자의 찬성비율이 여자의 찬성비율보다 작다고 볼 수 있다.

7. 기계 A로 만드는 깡통의 무게분산을 σ_A^2이라 하고 기계 B로 만드는 깡통의 무게분산을 σ_B^2라 하면,

① 다음과 같은 과정을 통하여 통계적 가설검정을 할 수 있다.

(i) 가설의 설정과 유의수준 결정

$H_0 : \sigma_B^2 / \sigma_A^2 = 1$, $H_1 : \sigma_B^2 / \sigma_A^2 > 1$, 유의수준 $\alpha = 0.05$

(ii) 검정통계량 결정

$$\text{검정통계량 (T.S.)} = \frac{S_B^2}{S_A^2} \sim F(15, 20) \quad \text{(귀무가설이 참인 경우)}$$

(iii) 기각역 결정

기각역 (C.R.) : 검정통계량 (T.S.) $> 2.20 (= F_{0.05}(15, 20))$

(iv) 검정통계량 값 계산

$$\text{검정통계량 값} = \frac{19}{10} = 1.9$$

(v) 통계적 결정

검정통계량 값이 기각역에 속하지 않으므로 유의수준 5%에서 귀무가설을 기각할 수 없다. 즉, 기계 A로 만든 깡통의 무게분산이 기계 B로 만든 깡통의 무게분산보다 작다고 하는 주장은 유의수준 5%에서 받아들일 수 없다.

② 기계 A와 기계 B로 만든 깡통의 무게분산 비율 σ_B^2 / σ_A^2에 대한 90% 신뢰구간은 다음과 같다. $F_{0.95}(15,20) = \dfrac{1}{F_{0.05}(20,15)} = \dfrac{1}{2.33} = 0.43$의 관계로부터

$$\left(\frac{s_B^2}{s_A^2}\frac{1}{F_{0.05}(15,20)},\ \frac{s_B^2}{s_A^2}\frac{1}{F_{0.95}(15,20)}\right)$$
$$=\left(\frac{19}{10}\times\frac{1}{2.20},\ \frac{19}{10}\times\frac{1}{0.43}\right)=(0.86,\ 4.42)$$

8. 첫 번째 모집단의 분산을 σ_1^2이라 하고 두 번째 모집단의 분산을 σ_2^2라 하면,

① 다음과 같은 과정을 통하여 통계적 가설검정을 할 수 있다.

(i) 가설의 설정과 유의수준 결정

$H_0 : \sigma_1^2 / \sigma_2^2 = 1$, $H_1 : \sigma_1^2 / \sigma_2^2 > 1$, 유의수준 $\alpha = 0.05$

(ii) 검정통계량 결정

검정통계량 (T.S.) $= \dfrac{S_1^2}{S_2^2} \sim F(9, 20)$ (귀무가설이 참인 경우)

(iii) 기각역 결정

기각역 (C.R.) : 검정통계량 (T.S.)$> 2.39 (= F_{0.05}(9, 20))$

(iv) 검정통계량 값 계산

검정통계량 값$= \dfrac{25}{10} = 2.5$

(v) 통계적 결정

검정통계량 값이 기각역에 속하므로 유의수준 5%에서 귀무가설을 기각한다. 즉, 유의수준 5%에서 첫 번째 모집단의 분산(σ_1^2)이 두 번째 모집단의 분산(σ_2^2)보다 크다고 말할 수 있다.

② 두 모집단 분산 비율 σ_1^2 / σ_2^2에 대한 98% 신뢰구간은 다음과 같다.

$F_{0.99}(9, 20) = \dfrac{1}{F_{0.01}(20, 9)} = \dfrac{1}{4.81} = 0.2079$의 관계로부터

$$\left(\frac{s_1^2}{s_2^2}\frac{1}{F_{0.01}(9,20)},\ \frac{s_1^2}{s_2^2}\frac{1}{F_{0.99}(9,20)}\right)$$
$$=\left(\frac{25}{10}\times\frac{1}{3.46},\ \frac{25}{10}\times\frac{1}{0.2079}\right)=(0.723,\ 12.025)$$

9. 정답 : ④번

(**참고** : ①, ②, ③의 경우는 두 표본이 독립적이지 않다. 예를 들어, ①의 경우를 살펴보면 쓰레기 종량제를 실시하기 전과 후의 쓰레기 양을 측정하고자 한다면 지역이라는 혼란변수(confounding variable)가 개입되어 자료가 수집된다. 따라서 어느 지역은 쓰레기 양이 많이 배출되는 곳이 있을 것이며 이에 따라 종량제 실시 후에 나타나는 그 지역의 쓰레기 양은 종량제 실시 전을 기준으로 분석되어야 한다. 즉, 지역에 따른 특성에 의존하여 쓰레기 양이 결정된다는 의미이다. 따라서 실시 전과 실시 후의 두 모집단은 서로 종속적인 관계를 유지하면서 자료가 구성되므로 독립적으로 표본을 추출하는 과정에 따른 분석을 하여서는 안된다. 즉, ①, ②, ③의 경우는 쌍대 t검정을 이용하여 분석하여야 한다.)

10. 바퀴벌레약 A를 사용하였을 경우의 살충비율을 p_A라 하고 바퀴벌레약 B를 사용하였을 경우의 살충비율을 p_B라 하자.

① $p_A - p_B$의 95% 신뢰구간은 다음과 같다.

$$(\hat{p}_A - \hat{p}_B) \pm z_{0.025}\sqrt{\frac{\hat{p}_A(1-\hat{p}_A)}{n_A} + \frac{\hat{p}_B(1-\hat{p}_B)}{n_B}}$$

$$= (\frac{60}{100} - \frac{40}{100}) \pm 1.96\sqrt{\frac{(0.6)(0.4)}{100} + \frac{(0.4)(0.6)}{100}}$$

$$= (0.064, 0.336)$$

② 신뢰구간이 "0"을 포함하고 있으면 효과에 차이가 없다고 말할 수 있으나, ①의 신뢰구간은 "0"을 포함하고 있지 않으므로 유의수준 5%에서 바퀴벌레약 A와 B의 효과는 차이를 보인다고 말할 수 있다.

③ 다음과 같은 과정을 통하여 통계적 가설검정을 할 수 있다.

(i) 가설의 설정과 유의수준 결정

$H_0 : p_A - p_B = 0$, $H_1 : p_A - p_B > 0$, 유의수준 $\alpha = 0.05$

(ii) 검정통계량 결정

$$\text{검정통계량 (T.S.)} = \frac{(\hat{p}_A - \hat{p}_B) - 0}{\sqrt{\hat{p}(1-\hat{p})(\frac{1}{n_A} + \frac{1}{n_B})}} \sim N(0,1)$$

(귀무가설이 참인 경우)

여기서 $\hat{p} = \dfrac{n_A\hat{p}_A + n_B\hat{p}_B}{n_A + n_B} = \dfrac{100 \times \frac{60}{100} + 100 \times \frac{40}{100}}{100+100} = 0.5$

(iii) 기각역 결정

기각역 (C.R.) : 검정통계량 (T.S.)$> 1.645(= z_{0.05})$

(iv) 검정통계량 값 계산

$$\text{검정통계량 값} = \frac{\left(\frac{60}{100} - \frac{40}{100}\right) - 0}{\sqrt{0.5(1-0.5)\left(\frac{1}{100} + \frac{1}{100}\right)}} = 2.828$$

(v) 통계적 결정

검정통계량 값이 기각역에 속하므로 유의수준 5%에서 귀무가설을 기각한다. 즉, 바퀴벌레약 A를 사용하였을 경우의 살충 비율은 바퀴벌레약 B를 사용하였을 경우의 살충 비율보다 유의수준 5%에서 높다고 볼 수 있다(바퀴벌레약 A의 효과가 B의 효과보다 좋다고 할 수 있다).

11. 교육 전의 평균 재해발생건수(모집단평균)을 μ_1이라 하고, 교육 후의 평균 재해발생건수(모집단평균)을 μ_2라 하면 다음과 같이 가설을 설정할 수 있다.

$$H_0 : \mu_1 - \mu_2 = 0\ ,\ H_1 : \mu_1 - \mu_2 > 0$$

이 문제는 서로 종속된 모집단의 평균 차이를 파악하는 문제로 수집된 자료는 작업장이라는 혼란변수(confounding variable)가 있는 쌍대자료(paired data)이다. 따라서 쌍대 t 검정을 이용하여 문제를 풀어야 한다. 교육 전의 산업재해 발생건수를 X_1이라 하고 교육 후의 산업재해 발생건수를 X_2라 하면, 새로운 확률변수 $D = X_1 - X_2$은 교육 전후의 산업재해 발생건수의 차이를 나타낸다. 자료를 통하여 계산된 6개 작업장의 연간 산업재해 발생건수의 표본평균($\overline{D}$)은 2.5이며, 표본표준편차(S_D)는 3.62이다. 이와 같은 사실을 이용하여 다음과 같은 과정을 통하여 통계적 가설검정을 할 수 있다.

(i) 가설의 설정과 유의수준 결정

$H_0 : \mu_1 - \mu_2 = 0,\ H_1 : \mu_1 - \mu_2 > 0$, 유의수준 $\alpha = 0.05$

(ii) 검정통계량 결정

검정통계량 (T.S.)$= \dfrac{\overline{D} - 0}{3.62/\sqrt{6}} \sim t(5)$ (귀무가설이 참인 경우)

(iii) 기각역 결정

기각역 (C.R.) : 검정통계량 값 (T.S.)$> 2.015(= t_{0.05}(5))$

(ⅳ) 검정통계량 값 계산

검정통계량 값$= \dfrac{2.5-0}{3.62/\sqrt{6}} = 1.692$

(ⅴ) 통계적 결정

검정통계량 값이 기각역에 속하지 않으므로 유의수준 5%에서 귀무가설을 기각할 수 없다. 즉, 유의수준 5%에서 교육의 실시로 산업재해 발생건수가 줄었다고 볼 수 없다.

12. 생산라인 A에서 만드는 전구 수명의 분산을 σ_A^2이라 하고 생산라인 B에서 만드는 전구 수명의 분산을 σ_B^2라 하면, 다음과 같은 과정을 통하여 통계적 가설검정을 할 수 있다.

(ⅰ) 가설의 설정과 유의수준 결정

$H_0 : \sigma_B^2 / \sigma_A^2 = 1,\ H_1 : \sigma_B^2 / \sigma_A^2 > 1$, 유의수준 $\alpha = 0.10$

(ⅱ) 검정통계량 결정

검정통계량 (T.S.)$= \dfrac{S_B^2}{S_A^2} \sim F(24,24)$ (귀무가설이 참인 경우)

(ⅲ) 기각역 결정

기각역 (C.R.) : 검정통계량 (T.S.)$> 1.70 (= F_{0.1}(24,24))$

(ⅳ) 검정통계량 값 계산

검정통계량 값$= \dfrac{65000}{37000} = 1.757$

(ⅴ) 통계적 결정

검정통계량 값이 기각역에 속하므로 유의수준 10%에서 귀무가설을 기각한다. 즉, 생산라인 B에서 만들어진 전구 수명의 분산(편차)이 더 크다고 하는 주장은 유의수준 10%에서 받아들일 수 있다.

13. 본교 출신의 합격율을 p_1이라 하고 타교 출신의 합격율을 p_2라 하면, 다음과 같은 과정을 통하여 통계적 가설검정을 할 수 있다.

(ⅰ) 가설의 설정과 유의수준 결정

$H_0 : p_1 - p_2 = 0$, $H_1 : p_1 - p_2 > 0$, 유의수준 $\alpha = 0.10$

(ii) 검정통계량 결정

$$\text{검정통계량 (T.S.)} = \frac{(\hat{p}_1 - \hat{p}_2) - 0}{\sqrt{\hat{p}(1-\hat{p})(\frac{1}{n_1} + \frac{1}{n_2})}} \sim N(0, 1)(\text{귀무가설이 참인 경우})$$

$$\text{여기서 } \hat{p} = \frac{n_1\hat{p}_1 + n_2\hat{p}_2}{n_1 + n_2} = \frac{70 \times \frac{28}{70} + 150 \times \frac{45}{150}}{70 + 150} = 0.33$$

(iii) 기각역 결정

기각역 (C.R.) : 검정통계량 (T.S.)> $1.28(= z_{0.1})$

(iv) 검정통계량 값 계산

$$\text{검정통계량 값} = \frac{\left(\frac{28}{70} - \frac{45}{150}\right) - 0}{\sqrt{0.33(1-0.33)(\frac{1}{70} + \frac{1}{150})}} = 1.469$$

(v) 통계적 결정

검정통계량 값이 기각역에 속하므로 유의수준 10%에서 귀무가설을 기각한다. 즉, 본교출신 학생의 합격율이 타교출신 학생의 합격율보다 높다는 사실을 유의수준 10%에서 확인할 수 있다.

14. 대기오염이 심각하다고 생각하는 도시주민의 비율(모집단비율)을 p_1이라 하고 농촌주민의 비율(모집단비율)을 p_2라 하면,

① 두 모집단 비율의 차이 $p_1 - p_2$에 대한 95% 신뢰구간은 다음과 같다.

$$(\hat{p}_1 - \hat{p}_2) \pm z_{0.025}\sqrt{\frac{\hat{p}_1(1-\hat{p}_1)}{n_1} + \frac{\hat{p}_2(1-\hat{p}_2)}{n_2}}$$

$$= (0.8 - 0.65) \pm 1.96 \times \sqrt{\frac{0.8(1-0.8)}{600} + \frac{0.65(1-0.65)}{400}}$$

$$= 0.15 \pm 1.96 \times 0.0289 = (0.093, 0.207)$$

② 대기오염이 심각하다고 생각하는 비율이 도시주민과 농어촌 주민간에 차이가 있는지의 여부를 유의수준 5%에서 ①의 결과를 이용하여 판단할 수 있다. ①의 결과를 보면 두 모집단 비율 차이에 대한 95% 신뢰구간이 "0"의 값을 포함하고 있지 않으므로 (신뢰구간이 "0"을 포함하고 있으면 비율에 차이가 없다고 말할 수 있다) 유의수준 5%에서 귀무가설(대기오염이 심각하다고 생각하는 두 모집단 비율의 차이가 없다는 가설)을 기각하고 비율에 차이가 있다는 주장을 받아들이게 된다. 이와 같이 양측검정의

경우 유의수준에 맞는 신뢰구간을 계산하여 귀무가설에 해당하는 값이 구간에 포함되어 있는 지의 여부를 파악함으로써 통계적 결정을 내릴 수 있으며, 이 방법은 통계적 가설검정 방법과 동일한 결과를 낳게 된다.

15. 작년도의 1인당 평균 대출건수(모집단평균)를 μ_1이라 하고, 금년도의 1인당 평균 대출건수(모집단평균)를 μ_2라 하면 정규근사를 이용하여 다음의 문제를 풀 수 있다.

① 두 모집단평균의 차이인 $\mu_1 - \mu_2$에 대한 95% 신뢰구간은 다음과 같다.

$$\left((\overline{x}_1 - \overline{x}_2) - z_{0.025}\sqrt{\frac{s_1^2}{n_1} + \frac{s_2^2}{n_2}}\ ,\ (\overline{x}_1 - \overline{x}_2) + z_{0.025}\sqrt{\frac{s_1^2}{n_1} + \frac{s_2^2}{n_2}}\right)$$

$$= \left((8-9.5) - 1.96\sqrt{\frac{3^2}{100} + \frac{4^2}{100}}\ ,\ (8-9.5) + 1.96\sqrt{\frac{3^2}{100} + \frac{4^2}{100}}\right)$$

$$= (-1.5 - 1.96 \times 0.5\ ,\ -1.5 + 1.96 \times 0.5) = (-2.48\ ,\ -0.52)$$

② 작년도와 금년도의 1인당 평균 대출건수에 차이가 있는 지의 여부를 유의수준 5%에서 ①의 결과를 이용하여 알아보면, 두 모집단평균 차이에 대한 95% 신뢰구간이 차이가 없다는 "0"의 값을 포함하지 않고 있으므로 유의수준 5%에서 귀무가설(작년도와 금년도의 1인당 평균 대출건수에 차이가 없다는 가설)을 기각하고 차이가 있다는 주장을 받아들이게 된다. 이와 같이 두 모집단평균 차이에 대한 양측검정에 있어서도 유의수준에 맞는 신뢰구간을 계산하여 귀무가설에 해당하는 값이 신뢰구간 내에 포함되어 있는 지의 여부를 파악함으로써 통계적 결정을 내릴 수 있으며, 이 방법은 통계적 가설검정 방법과 동일한 검정방법이 된다.

③ 도서관 담당직원의 주장에 대한 가설은 다음과 같이 설정할 수 있다.

$$H_0 : \mu_1 - \mu_2 = 0,\ H_1 : \mu_1 - \mu_2 < 0$$

이 경우 검정통계량 값을 계산하여 보면

검정통계량 값$= \dfrac{(8-9.5)-0}{\sqrt{\dfrac{3^2}{100} + \dfrac{4^2}{100}}} = -3$이 되며 따라서 귀무가설을 기각시키기 위해서는 (즉, 도서관 담당직원의 주장을 입증하기 위해서는) 임계값이 -3보다 커야 할 것이며, 이는 유의수준이 적어도 $P(Z<-3)$이 되어야 함을 의미한다. 따라서 이를 만족시키는 확률 $P(Z<-3) = 0.00135$가 귀무가설을 기각하기 위한 최소한의 유의수준이 된다. 즉, 유의수준이 0.135%보다 큰 경우에는 귀무가설을 기각시킬 수 있으며, 도서관 담당직원의 주장을 받아들일 수 있다.

16. 영문학과 교수들의 봉급에 대한 분산을 σ^2이라 하면, 다음과 같은 과정을 통하여 통계적 가설검정을 할 수 있다.

(i) 가설의 설정과 유의수준 결정

$H_0 : \sigma^2 = (4000)^2$, $H_1 : \sigma^2 \neq (4000)^2$, 유의수준 $\alpha = 0.10$

(ii) 검정통계량 결정

검정통계량 (T.S.) $= \dfrac{9 \times S^2}{4000^2} \sim \chi^2(9)$ (귀무가설이 참인 경우)

(iii) 기각역 결정

기각역 (C.R.) : 검정통계량 (T.S.)의 값 $> 16.9\,(= \chi^2_{0.05}(9))$

또는 검정통계량 (T.S.)의 값 $< 3.33\,(= \chi^2_{0.95}(9))$

(iv) 검정통계량 값 계산

검정통계량 값 $= \dfrac{9 \times (2800)^2}{4000^2} = 4.41$

(v) 통계적 결정

검정통계량 값이 기각역에 속하지 않으므로 유의수준 10%에서 귀무가설을 기각할 수 없다. 즉, 유의수준 10%에서 영문학과 교수들의 봉급에 대한 분산은 경영학과 교수들의 봉급에 대한 분산과 뚜렷한 차이가 있다고 볼 수 없다.

17. ① ⓐ $H_0 : \mu_1 = \mu_2$(또는 $\mu_1 - \mu_2 = 0$), $H_1 : \mu_1 \neq \mu_2$(또는 $\mu_1 - \mu_2 \neq 0$)

ⓑ $H_0 : \mu_1 = \mu_2$(또는 $\mu_1 - \mu_2 = 0$), $H_1 : \mu_1 < \mu_2$(또는 $\mu_1 - \mu_2 < 0$)

② F−검정 엑셀 output(이 경우, 좌측검정)에서 F비는 통계량(즉, S_1^2 / S_2^2)의 값, F기각치는 임계값, 그리고 $P(F \leq f)$는 p−값을 나타낸다. F비는 F기각치보다 크고, p−값은 유의수준 5%보다 작으므로 귀무가설을 기각할 수 없다. 따라서 두 모분산은 유의수준 5%에서 같다고 할 수 있다.

(참고 : 교재의 출력결과는 엑셀의 <도구 −데이터분석 −F−검정 : 분산에 대한 두 집단>을 이용하면 얻을 수 있다.)

③ ⓐ 22($= n_1 + n_2 - 2$)

ⓑ 엑셀 output에서 양측검정 결과를 보면 t 통계량 (−1.3048)이 t 기각치(±2.0709) 사이에 있고, p−값(0.2055)도 유의수준 5%보다 크므로 귀무가설을 기각할 수 없다. 즉, 유의수준 5%에서 두 종류 타이어의 평균수명거리에 차이가 있다고 할 수 없다.

ⓒ 엑셀 output의 단측 검정결과를 보면 t 통계량(-1.3048)이 t 기각치(-1.7171)보다 크고 $p-$값(0.1027)도 유의수준 5%보다 크므로 유의수준 5%에서 새로이 개발된 타이어의 평균수명 거리가 기존타이어의 평균수명 거리보다 길다고 할 수 없다.

(**참고** : 교재의 출력결과는 엑셀의 <도구−데이터분석−t-검정 : 등분산 가정 두 집단>을 이용하면 얻을 수 있다.)

18. ① $H_0 : \mu_1 - \mu_2 = 0,\ H_1 : \mu_1 - \mu_2 > 0$

② 9 (= 쌍의 수 − 1)

③ 엑셀 output에서 단측검정 결과를 보면 t 통계량(3.2137)이 t 기각치(1.0833)보다 크고, p-값(0.0053)도 유의수준 5%보다 작으므로 기본가설을 기각하고 대립가설을 받아들인다. 따라서 유의수준 5%에서 다이어트가 몸무게 감소에 효과가 있다고 볼 수 있다.

④ 단측검정의 p-값을 보면 0.0053 정도이다. 따라서 유의수준이 0.0053 이하이면 p-값이 유의수준보다 커져 기본가설을 기각하지 못하게 된다. 즉, 유의수준이 현재의 p-값 이하이면 다이어트가 몸무게 감소에 효과가 있다는 대립 가설은 기각된다.

(**참고** : 교재의 출력결과는 엑셀의 <도구−데이터분석−t-검정 : 쌍체비교>를 이용하면 얻을 수 있다.)

알기쉬운 통계학

제11장

연습문제

1. 다음과 같은 과정을 통하여 카이제곱 적합도 검정을 할 수 있다.

(i) 가설의 설정과 유의수준 결정

H_0 : 4 : 3 : 2 : 1의 비율로 신문을 구독한다. H_1 : H_0가 사실이 아니다.

유의수준 $\alpha = 0.10$

(ii) 검정통계량 결정

O_i를 i번째 범주의 관측 빈도수이고 E_i를 i번째 범주의 기대 빈도수라고 하면,

검정통계량 (T.S.)= $\sum_{i=1}^{4} \frac{(O_i - E_i)^2}{E_i} \sim \chi^2(3)$ (귀무가설이 참인 경우)

(iii) 기각역 결정

기각역 (C.R.) : 검정통계량 (T.S.)> $6.25 (= \chi^2_{0.1}(3))$

(iv) 검정통계량 값 계산

$O_1 = 12,\ E_1 = 50 \times 0.4 = 20,\ O_2 = 18,\ E_2 = 50 \times 0.3 = 15$

$O_3 = 12,\ E_3 = 50 \times 0.2 = 10,\ O_4 = 8,\ E_4 = 50 \times 0.1 = 5$

검정통계량 값= $\frac{(12-20)^2}{20} + \frac{(18-15)^2}{15} + \frac{(12-10)^2}{10} + \frac{(8-5)^2}{5} = 6$

(v) 통계적 결정

검정통계량 값이 기각역에 속하지 않으므로 유의수준 10%에서 귀무가설을 기각할 수 없다. 즉, 유의수준 10%에서 관리자의 주장을 기각할 만한 증거가 없으므로 주장을 받아 들인다.

2. 다음과 같은 과정을 통하여 카이제곱 적합도 검정을 할 수 있다.

(i) 가설의 설정과 유의수준 결정

H_0 : 마지막 자리수는 동일한 비율로 구성되어 있다.

H_1 : H_0가 사실이 아니다.　　유의수준 $\alpha = 0.01$

(ii) 검정통계량 결정

O_i를 i번째 범주(예를 들어, 마지막 자리수가 0인 범주를 첫번째 범주로 봄)의 관측 빈도수이고 E_i를 i번째 범주의 기대 빈도수라고 하면,

$$\text{검정통계량 (T.S.)} = \sum_{i=1}^{10} \frac{(O_i - E_i)^2}{E_i} \sim \chi^2(9) \text{ (귀무가설이 참인 경우)}$$

(iii) 기각역 결정

기각역 (C.R.) : 검정통계량 (T.S.)$> 21.7(= \chi^2_{0.01}(9))$

(iv) 검정통계량 값 계산

$O_1 = 15,\ E_1 = 300 \times 0.1 = 30,\ O_2 = 27,\ E_2 = 300 \times 0.1 = 30$

$O_3 = 23,\ E_3 = 300 \times 0.1 = 30,\ O_4 = 49,\ E_4 = 300 \times 0.1 = 30$

$O_5 = 31,\ E_5 = 300 \times 0.1 = 30,\ O_6 = 41,\ E_6 = 300 \times 0.1 = 30$

$O_7 = 27,\ E_7 = 300 \times 0.1 = 30,\ O_8 = 38,\ E_8 = 300 \times 0.1 = 30$

$O_9 = 23,\ E_9 = 300 \times 0.1 = 30,\ O_{10} = 26,\ E_{10} = 300 \times 0.1 = 30$

$$\begin{aligned}\text{검정통계량 값} &= \frac{(15-30)^2}{30} + \frac{(27-30)^2}{30} + \frac{(23-30)^2}{30} + \frac{(49-30)^2}{30} \\ &+ \frac{(31-30)^2}{30} + \frac{(41-30)^2}{30} + \frac{(27-30)^2}{30} \\ &+ \frac{(38-30)^2}{30} + \frac{(23-30)^2}{30} + \frac{(26-30)^2}{30} = 30.13\end{aligned}$$

(v) 통계적 결정

검정통계량 값이 기각역에 속하므로 유의수준 10%에서 귀무가설을 기각한다. 즉, 유의수준 1%에서 경기 점수 마지막 자리수는 균등하게 분포되어 있다고 볼 수 없으며, 따라서 모든 번호가 경품을 탈 확률이 동일하다고 할 수 없다.

3. 다음과 같은 과정을 통하여 카이제곱 적합도 검정을 할 수 있다.

(i) 가설의 설정과 유의수준 결정

H_0 : 글로벌 경영학과 학생들은 2 : 1 : 1의 비율로 관리, 금융, 시스템 계열에 속해 있다.

H_1 : H_0가 사실이 아니다.

(ii) 검정통계량 결정

O_i를 i번째 범주의 관측 빈도수이고 E_i를 i번째 범주의 기대 빈도수라고 하면,

검정통계량 (T.S.)$= \sum_{i=1}^{3} \frac{(O_i - E_i)^2}{E_i} \sim \chi^2(2)$ (귀무가설이 참인 경우)

(iii) 기각역 결정

기각역 (C.R.) : 검정통계량 (T.S.)$> 5.99 (= \chi^2_{0.05}(2))$

(iv) 검정통계량 값 계산

$O_1 = 9,\ E_1 = 28 \times 0.5 = 14,\ O_2 = 9,\ E_2 = 28 \times 0.25 = 7$

$O_3 = 10,\ E_3 = 28 \times 0.25 = 7$

검정통계량 값$= \frac{(9-14)^2}{14} + \frac{(9-7)^2}{7} + \frac{(10-7)^2}{7} = 3.643$

(v) 통계적 결정

검정통계량 값이 기각역에 속하지 않으므로 유의수준 5%에서 귀무가설을 기각할 수 없다. 즉, 유의수준 5%에서 학장의 주장을 기각할 만한 충분한 증거가 없으므로 주장을 받아 들인다.

4. 다음과 같은 과정을 통하여 카이제곱 독립성 검정을 할 수 있다.

(i) 가설의 설정과 유의수준 결정

H_0 :전공과 성별은 관계가 없다(통계적으로 독립이다).

H_1 :전공과 성별은 관계가 있다(통계적으로 독립이 아니다).

유의수준 $\alpha = 0.01$

(ii) 검정통계량 결정

O_{ij}를 i번째 전공과 j번째 성별에 해당하는 관측 빈도수이고 E_{ij}를 i번째 전공과 j 번째 성별에 해당하는 기대 빈도수라고 하면,

검정통계량 (T.S.)$= \sum_{i=1}^{4} \sum_{j=1}^{2} \frac{(O_{ij} - E_{ij})^2}{E_{ij}} \sim \chi^2(3)$ (귀무가설이 참인 경우)

(여기서 자유도는 $(r-1)(c-1) = (4-1)(2-1) = 3$ 이다.)

(iii) 기각역 결정

기각역 (C.R.) : 검정통계량 (T.S.)$> 11.34 (= \chi^2_{0.01}(3))$

(iv) 검정통계량 값 계산

문제에 주어진 표를 살펴보면 총 150명의 학생이 남성은 95명, 여성은 55명으로 구성되어 있다. 또한 총 150명의 학생 중에서 경영전공은 30명, 공학전공은 20명, 문학전공은 50명, 이학전공은 50명으로 구성되어 있음을 확인할 수 있다. 이와 같은 사

실로부터 각 범주에 해당하는 기대 빈도수를 계산하여 보면 다음과 같다.

$$O_{11}=20,\ E_{11}=\frac{95\times 30}{150}=19,\ O_{12}=10,\ E_{12}=\frac{55\times 30}{150}=11$$

$$O_{21}=15,\ E_{21}=\frac{95\times 20}{150}=12.67,\ O_{22}=5,\ E_{22}=\frac{55\times 20}{150}=7.33$$

$$O_{31}=30,\ E_{31}=\frac{95\times 50}{150}=31.67,\ O_{32}=20,\ E_{32}=\frac{55\times 50}{150}=18.33$$

$$O_{41}=30,\ E_{41}=\frac{95\times 50}{150}=31.66,\ O_{42}=20,\ E_{12}=\frac{55\times 50}{150}=18.34$$

$$\text{검정통계량 값}=\frac{(20-19)^2}{19}+\frac{(10-11)^2}{11}+\frac{(15-12.67)^2}{12.67}+\frac{(5-7.33)^2}{7.33}+\frac{(30-31.67)^2}{31.67}+\frac{(20-18.33)^2}{18.33}+\frac{(30-31.66)^2}{31.66}+\frac{(20-18.34)^2}{18.34}=1.790$$

(v) 통계적 결정

검정통계량 값이 기각역에 속하지 않으므로 유의수준 1%에서 귀무가설을 기각할 수 없다. 즉, 유의수준 1%에서 전공과 성별간에 관계가 있다는 가설은 받아들일 수 없다.

5. 다음과 같은 과정을 통하여 카이제곱 독립성 검정을 할 수 있다.

(i) 가설의 설정과 유의수준 결정

H_0 : 종업원의 의료보험혜택에 대한 의견은 직무분류와 관계가 없다.

H_1 : 종업원의 의료보험혜택에 대한 의견은 직무분류와 관계가 있다.

유의수준 $\alpha=0.1$

(ii) 검정통계량 결정

O_{ij}를 i번째 직무분류와 j번째 의견에 해당하는 관측 빈도수라 하고, E_{ij}를 i 번째 직무분류와 j번째 의견에 해당하는 기대 빈도수라고 하면,

$$\text{검정통계량 (T.S.)}=\sum_{i=1}^{4}\sum_{j=1}^{3}\frac{(O_{ij}-E_{ij})^2}{E_{ij}}\sim\ \chi^2(6)\quad\text{(귀무가설이 참인 경우)}$$

(여기서 자유도는 $(r-1)(c-1)=(4-1)(3-1)=6$ 이다.)

(iii) 기각역 결정

기각역 (C.R.) : 검정통계량 (T.S.) $>10.6(=\chi^2_{0.1}(6))$

(ⅳ) 검정통계량 값 계산

문제에서 표를 살펴보면 총 130명의 직원 중에서 우호적인 의견을 가진 사람은 60명이며 비우호적인 의견을 가진 사람은 30명, 중립을 취하는 사람은 40명이다. 또한 총 130명의 직원 중에서 경영층은 30명, 영업직은 20명, 사무직은 28명, 생산직은 52명임을 확인할 수 있다. 이와 같은 사실로부터 각 범주에 해당하는 기대 빈도수를 계산하여 보면 다음과 같다.

$$O_{11}=19,\ E_{11}=\frac{60\times30}{130}=13.846,\ O_{31}=15,\ E_{31}=\frac{60\times28}{130}=12.923$$

$$O_{12}=5,\ E_{12}=\frac{30\times30}{130}=6.923,\ O_{32}=4,\ E_{32}=\frac{30\times28}{130}=6.462$$

$$O_{13}=6,\ E_{13}=\frac{40\times30}{130}=9.231,\ O_{33}=9,\ E_{33}=\frac{40\times28}{130}=8.615$$

$$O_{21}=10,\ E_{21}=\frac{60\times20}{130}=9.231,\ O_{41}=16,\ E_{41}=\frac{60\times52}{130}=24$$

$$O_{22}=5,\ E_{22}=\frac{30\times20}{130}=4.615,\ O_{42}=16,\ E_{42}=\frac{30\times52}{130}=12$$

$$O_{23}=5,\ E_{23}=\frac{40\times20}{130}=6.154,\ O_{43}=20,\ E_{43}=\frac{40\times52}{130}=16$$

$$\text{검정통계량 값}=\frac{(19-13.846)^2}{13.846}+\frac{(5-6.923)^2}{6.923}+\frac{(6-9.231)^2}{9.231}$$
$$+\frac{(10-9.231)^2}{9.231}+\frac{(5-4.615)^2}{4.615}+\frac{(5-6.154)^2}{6.154}$$
$$+\frac{(15-12.923)^2}{12.923}+\frac{(4-6.462)^2}{6.462}+\frac{(9-8.615)^2}{8.615}$$
$$+\frac{(16-24)^2}{24}+\frac{(16-12)^2}{12}+\frac{(20-16)^2}{16}=10.186$$

(ⅴ) 통계적 결정

검정통계량 값이 기각역에 속하지 않으므로 유의수준 10%에서 귀무가설을 기각할 수 없다. 즉, 유의수준 10%에서 종업원의 직무분류와 의료보험혜택에 대한 의견은 서로 관련이 있다고 볼 수 없다.

6. 다음과 같은 과정을 통하여 카이제곱 독립성 검정을 할 수 있다.

(ⅰ) 가설의 설정과 유의수준 결정

H_0 : 제품의 종류와 소비자의 평가는 관계가 없다.

H_1 : 제품의 종류와 소비자의 평가는 관계가 있다.

유의수준 $\alpha = 0.05$

(ii) 검정통계량 결정

O_{ij}를 i번째 제품과 j번째 의견에 해당하는 관측 빈도수이고, E_{ij}를 i번째 제품과 j번째 의견에 해당하는 기대 빈도수라고 하면,

검정통계량 (T.S.) $= \sum_{i=1}^{4}\sum_{j=1}^{3}\frac{(O_{ij}-E_{ij})^2}{E_{ij}} \sim \chi^2(6)$ (귀무가설이 참인 경우)

(여기서 자유도는 $(r-1)(c-1)=(4-1)(3-1)=6$ 이다.)

(iii) 기각역 결정

기각역 (C.R.) : 검정통계량 (T.S.)$> 12.6 (= \chi^2_{0.05}(6))$

(iv) 검정통계량 값 계산

문제에서 주어진 표를 살펴보면 총 230명의 소비자 중에서 우수하다는 의견을 가진 사람은 80명이며, 보통이라는 의견을 가진 사람은 120명, 열등하다는 의견을 가진 사람은 30명이다. 또한 총 230명의 소비자 중에서 라디오에 대한 평가를 내린 소비자는 75명, 스테레오에 대한 평가를 내린 소비자는 35명, TV에 대한 평가를 내린 소비자는 60명, 기타 가전제품에 대한 평가를 내린 소비자는 60명임을 확인할 수 있다. 이와 같은 사실로부터 각 범주에 해당하는 기대 빈도수를 계산하여 보면 다음과 같다.

$$O_{11}=30,\ E_{11}=\frac{80\times75}{230}=26.086,\ O_{31}=30,\ E_{31}=\frac{80\times60}{230}=20.870$$

$$O_{12}=40,\ E_{12}=\frac{120\times75}{230}=39.131,\ O_{32}=20,\ E_{32}=\frac{120\times60}{230}=31.304$$

$$O_{13}=5,\ E_{13}=\frac{30\times75}{230}=9.783,\ O_{33}=10,\ E_{33}=\frac{30\times60}{230}=7.826$$

$$O_{21}=10,\ E_{21}=\frac{80\times35}{230}=12.174,\ O_{41}=10,\ E_{41}=\frac{80\times60}{230}=20.870$$

$$O_{22}=20,\ E_{22}=\frac{120\times35}{230}=18.261,\ O_{42}=40,\ E_{42}=\frac{120\times60}{230}=31.304$$

$$O_{23}=5,\ E_{23}=\frac{30\times35}{230}=4.565,\ O_{43}=10,\ E_{43}=\frac{30\times60}{230}=7.826$$

$$\text{검정통계량 값} = \frac{(30-26.086)^2}{26.086}+\frac{(40-39.131)^2}{39.131}+\frac{(5-9.783)^2}{9.783}$$
$$+\frac{(10-12.174)^2}{12.174}+\frac{(20-18.261)^2}{18.261}+\frac{(5-4.565)^2}{4.565}$$

$$+\frac{(30-20.870)^2}{20.870}+\frac{(20-31.304)^2}{31.304}+\frac{(10-7.826)^2}{7.826}$$

$$+\frac{(10-20.870)^2}{20.870}+\frac{(40-31.304)^2}{31.304}+\frac{(10-7.826)^2}{7.826}=20.9$$

(v) 통계적 결정

검정통계량 값이 기각역에 속하므로 유의수준 5%에서 귀무가설을 기각한다. 즉, 유의수준 5%에서 제품종류와 소비자의 평가 사이에 관계가 있다는 가설을 받아들일 수 있다. 구체적으로 자료를 살펴보면 TV제품에서 소비자들은 우수하다는 의견을 많이 가지고 있으며, 기타 가전제품에서도 보통이라는 의견이 많이 나타났다.

7. 문제에서 제공된 범주의 수를 살펴보면 5개로 나뉘어져 있다. 하지만 세 번 이상 결근한 사람의 수는 1명밖에 없으므로 마지막 두 개의 범주를 하나로 묶을 수 있다. 그러나 이 두 범주를 한 범주로 묶더라도 관측 빈도수가 너무 적으므로 (각 범주의 기대 빈도수뿐만 아니라 관측 빈도수도 최소한 5 이상은 되어야 안심하고 χ^2 적합도 검정을 사용할 수 있다) 결근수가 두번인 범주에 이 두 범주를 포함시키는 것이 이 경우에는 합당하다. 따라서 이 문제의 범주는 한번도 결근을 안한 범주, 한번 결근한 범주, 두 번 이상 결근한 범주의 3개 범주로 재조정하는 것이 바람직하다. 이와 같은 사실을 고려하여 다음과 같은 카이제곱 적합도 검정을 할 수 있다.

(i) 가설의 설정과 유의수준 결정

H_0 : 결근자의 수는 평균 0.5인 포아송분포를 따른다.

H_1 : 결근자의 수는 평균 0.5인 포아송분포를 따르지 않는다.

유의수준 $\alpha=0.05$

(ii) 검정통계량 결정

O_i를 i번째 범주의 관측 빈도수라 하고 E_i를 i번째 범주의 기대 빈도수라고 하면,

검정통계량 (T.S.)$=\sum_{i=1}^{3}\frac{(O_i-E_i)^2}{E_i}\sim\ \chi^2(1)$ (귀무가설이 참인 경우)

(연습문제의 힌트에서도 소개한 바와 같이 이 검정통계량의 분포는 귀무가설이 참인 경우 자유도 2개를 상실하여 자유도 1인 카이제곱 분포를 따른다. 자유도가 1인 이유는 3개의 범주에서 총 빈도수인 96을 맞추어야 하므로 한 개의 자유도가 상실되고, 포아송분포를 적합하는 과정에서 포아송분포의 모수인 평균 값을 표본으로부터 추정하였으므로 자유도 한 개가 추가로 상실되었기 때문이다. 따라서 자유도는 (범주의 수-1)$-$(추정된 모수의 수)$=3-1-1=1$이 된다. 이와 같은 사실은 연구자

가 한 개 범주의 빈도수만 알고 있으면 총 빈도수인 96과 결근자의 평균 수 0.5의 조건을 이용하여 나머지 두 개 범주의 빈도수를 계산할 수 있다는 의미로 해석할 수 있다.)

(iii) 기각역 결정

기각역 (C.R.) : 검정통계량 (T.S.)> 3.84 $(=\chi^2_{0.05}(1))$

(iv) 검정통계량 값 계산

포아송분포를 따르는 기대 빈도수를 계산하려면 우선 어떠한 포아송분포를 따르는지를(즉, 포아송분포의 모수인 λ의 값이 무엇인지를) 결정하여야 한다. 이 값은 문제에서 주어지지 않았으므로 주어진 자료를 통하여 계산하여야 한다. 자료를 통하여 계산하여 보면 평균 결근 수는 0.5로 계산된다. 이 값을 λ값으로 사용하려면 앞에서 언급한 바와 같이 자유도를 하나 더 상실하게 되며, 이러한 상태에서 기대 빈도수가 계산된다.

따라서 확률변수 X가 평균이 0.5인 (즉, $\lambda = 0.5$인) 포아송분포를 따른다면, 다음과 같은 방법으로 각 범주의 기대 빈도수를 계산할 수 있다.

$$O_1 = 59,\ E_1 = 96 \times \Pr(X=0) = 96 \times \frac{e^{-0.5}0.5^0}{0!} = 58.2$$

$$O_2 = 27,\ E_2 = 96 \times \Pr(X=1) = 96 \times \frac{e^{-0.5}0.5^1}{1!} = 29.1$$

$$O_3 = 10,\ E_3 = 96 \times \Pr(X \geq 2) = 96 - 58.2 - 29.1 = 8.7$$

$$\text{검정통계량 값} = \frac{(59-58.2)^2}{58.2} + \frac{(27-29.1)^2}{29.1} + \frac{(10-8.7)^2}{8.7} = 0.357$$

(v) 통계적 결정

검정통계량 값이 기각역에 속하지 않으므로 유의수준 5%에서 귀무가설을 기각할 수 없다. 즉, 유의수준 5%에서 결근한 종업원 수에 대한 자료는 평균이 0.5인 포아송분포를 따른다고 볼 수 있다.

8. 다음과 같은 과정을 통하여 카이제곱 적합도 검정을 할 수 있다.

(i) 가설의 설정과 유의수준 결정

H_0 : 대학생들의 회사 선호도에는 차이가 없다.

(대학생들의 회사 선호비율은 동일하다).

H_1 : H_0가 사실이 아니다. 유의수준 $\alpha = 0.05$

(ii) 검정통계량 결정

O_i를 i번째 범주의 관측 빈도수라 하고 E_i를 i번째 범주의 기대 빈도수라고 하면,

$$\text{검정통계량(T.S.)}=\sum_{i=1}^{3}\frac{(O_i-E_i)^2}{E_i}\sim \chi^2(2) \text{ (귀무가설이 참인 경우)}$$

(iii) 기각역 결정

기각역(C.R.) : 검정통계량(T.S.)$> 5.99 (= \chi^2_{0.05}(2))$

(iv) 검정통계량 값 계산

$$O_1 = 45,\ E_1 = 180\times\frac{1}{3}= 60$$

$$O_2 = 72,\ E_2 = 180\times\frac{1}{3}= 60$$

$$O_3 = 63,\ E_3 = 180\times\frac{1}{3}= 60$$

$$\text{검정통계량 값}= \frac{(45-60)^2}{60}+\frac{(72-60)^2}{60}+\frac{(63-60)^2}{60}= 6.30$$

(v) 통계적 결정

검정통계량 값이 기각역에 속하므로 유의수준 5%에서 귀무가설을 기각한다. 즉, 유의수준 5%에서 대학생들의 회사 선호도에는 차이가 있다고 말할 수 있다.

9. 다음과 같은 과정을 통하여 카이제곱 독립성 검정을 할 수 있다.

(i) 가설의 설정과 유의수준 결정

H_0 : 교육수준과 투표참여도 사이에는 통계적 관계가 없다.

(교육수준과 투표참여도는 통계적으로 독립이다.)

H_1 : 교육수준과 투표참여도 사이에는 통계적 관계가 있다.

(교육수준과 투표참여도는 통계적으로 독립이 아니다.)

유의수준 $\alpha = 0.05$

(ii) 검정통계량 결정

O_{ij}를 i번째 교육수준과 j번째 투표 참여여부에 해당하는 관측 빈도수라고 하고,

E_{ij}를 i번째 교육수준과 j번째 투표 참여여부에 해당하는 기대 빈도수라 하면,

$$\text{검정통계량(T.S.)}= \sum_{i=1}^{3}\sum_{j=1}^{2}\frac{(O_{ij}-E_{ij})^2}{E_{ij}}\sim \chi^2(2) \text{ (귀무가설이 참인 경우)}$$

(여기서 자유도는 $(r-1)(c-1) = (3-1)(2-1) = 2$이다.)

(iii) 기각역 결정

기각역(C.R.) : 검정통계량(T.S.)> 5.99 $(=\chi^2_{0.05}(2))$

(iv) 검정통계량 값 계산

문제에 주어진 분할표를 이용하여 E_{ij}를 계산하면 다음과 같다.

$$O_{11}=10,\ E_{11}=\frac{70\times 30}{150}=14$$

$$O_{12}=20,\ E_{12}=\frac{80\times 30}{150}=16$$

$$O_{21}=30,\ E_{21}=\frac{70\times 70}{150}=32.67$$

$$O_{22}=40,\ E_{22}=\frac{80\times 70}{150}=37.33$$

$$O_{31}=30,\ E_{31}=\frac{70\times 50}{150}=23.33$$

$$O_{32}=20,\ E_{32}=\frac{80\times 50}{150}=26.67$$

따라서 검정통계량 값

$$=\frac{(10-14)^2}{14}+\frac{(20-16)^2}{16}+\frac{(30-32.67)^2}{32.67}$$

$$+\frac{(40-37.33)^2}{37.33}+\frac{(30-23.33)^2}{23.33}+\frac{(20-26.67)^2}{26.67}$$

$$=6.13$$

(v) 통계적 결정

검정통계량 값이 기각역에 속하므로 유의수준 5%에서 귀무가설을 기각한다. 즉, 유의수준 5%로 교육수준과 투표참여도 사이에는 통계적 관계가 있다고 말할 수 있다.

알기쉬운 통계학

제12장 연습문제

1.

분산분석표

변동원인	제곱합	자유도	제곱평균	F 값
시험유형	65.59	2	32.8	0.24
잔차(오차)	1887.47	14	134.8	
합 계	1953.06	16		

(i) 가설의 설정 :

H_0 : 시험문제의 유형에 따른 난이도 차이는 없다.

H_1 : 시험문제의 유형에 따라 난이도는 차이가 있다.

(ii) 기각역 (C.R.) :

F 값 $> 3.74 (= F_{0.05}(2,14))$

(iii) 통계적 결정 :

F 값 $= 0.24$ 은 기각역에 속하지 않으므로 유의수준 5%에서 귀무가설을 기각할 수 없다. 따라서 시험문제의 유형에 따라 난이도의 차이가 없다는(평균 시험점수의 차이가 없다는) 결론을 유의수준 5%에서 내릴 수 있다.

2.

분산분석표

변동원인	제곱합	자유도	제곱평균	F 값
다자인	463.45	2	231.7	27.9
잔차(오차)	124.33	15	8.3	
합 계	587.78	17		

(i) 가설의 설정 :

H_0 : 디자인의 유형에 따른 매출고 차이는 없다.

H_1 : 디자인의 유형에 따라 매출고에 차이가 있다.

(ii) 기각역 (C.R.) :

F값 $> 3.68 (= F_{0.05}(2,15))$

(iii) 통계적 결정 :

F값 $= 27.9$은 기각역에 속하므로 유의수준 5%에서 귀무가설을 기각한다. 따라서 디자인의 유형에 따라 1일 평균 매출고는 차이가 있다는 결론을 유의수준 5%에서 내릴 수 있다. 자료를 살펴보면 디자인A의 매출고가 다른 디자인의 매출고보다 높다는 것을 확인할 수 있다

3.

분산분석표

변동원인	제곱합	자유도	제곱평균	F 값
산 업	0.507	2	0.254	6.86
잔차(오차)	0.222	6	0.037	
합 계	0.729	8		

(i) 가설의 설정 :

H_0 : 산업별 기대수익 대 위험수준의 평균비율은 같다.

H_1 : 산업별로 기대수익 대 위험수준의 평균비율은 차이가 있다.

(ii) 기각역 (C.R.) :

F값 $> 5.14 (= F_{0.05}(2,6))$

(iii) 통계적 결정 :

F값 $= 6.86$은 기각역에 속하므로 유의수준 5%에서 귀무가설을 기각한다. 따라서 산업별로 기대수익 대 위험수준의 평균비율은 차이가 있다는 결론을 유의수준 5%에서 내릴 수 있다. 자료를 살펴보면 산업C가 다른 산업에 비해 기대수익 대 위험수준의 평균비율이 높다는 사실을 확인할 수 있다.

4.

분산분석표

변동원인	제곱합	자유도	제곱평균	F 값
포 장	288.20	2	144.10	10.92
블록(지역)	779.37	3	259.79	
잔차(오차)	79.13	6	13.19	
합 계	1146.70	11		

(i) 가설의 설정 :

H_0 : 포장에 따라 평균 판매량은 차이가 없다.

H_1 : 포장에 따라 평균 판매량은 차이가 있다.

(ii) 기각역 (C.R.) :

F 값 $> 5.14 (= F_{0.05}(2,6))$

(iii) 통계적 결정 :

F 값 $= 10.92$ 는 기각역에 속하므로 유의수준 5%에서 귀무가설을 기각한다. 따라서 포장에 따라 1일 평균 판매량에는 차이가 있다는 결론을 유의수준 5%에서 내릴 수 있다. 자료를 살펴보면 포장 C의 판매량이 다른 포장에 비해 높다는 것을 확인할 수 있다.

5.

분산분석표

변동원인	제곱합	자유도	제곱평균	F 값
염 료	386.2	3	128.7	33.0
블록(세제)	1925.2	2	962.6	
잔차(오차)	23.5	6	3.9	
합 계	2334.9	11		

(i) 가설의 설정 :

H_0 : 염료에 따라 색상의 변질은 차이가 없다.

H_1 : 염료에 따라 색상의 변질에 차이가 있다.

(ii) 기각역 (C.R.) :

F값 $> 4.76 (= F_{0.05}(3,6))$

(iii) 통계적 결정 :

F값 $= 33.0$은 기각역에 속하므로 유의수준 5%에서 귀무가설을 기각한다. 따라서 염료에 따라 색상의 변질에 차이가 있다는 결론을 유의수준 5%에서 내릴 수 있다. 자료를 살펴보면 염료 3과 염료 4가 색상을 변질시키는 횟수가 많은 것을 확인할 수 있다.

6.

분산분석표

변동원인	제곱합	자유도	제곱평균	F 값
기 계	13444.8	3	4481.60	20.48
블록(작업자)	2146.2	4	536.55	
잔차(오차)	2626.2	12	218.85	
합 계	18217.2	19		

(i) 가설의 설정 :

H_0 : 기계에 따라 평균 생산량에는 차이가 없다.

H_1 : 기계에 따라 평균 생산량에 차이가 있다.

(ii) 기각역 (C.R.) :

F값 $> 5.95 (= F_{0.01}(3,12))$

(iii) 통계적 결정 :

F값 $= 20.48$은 기각역에 속하므로 유의수준 1%에서 귀무가설을 기각한다. 따라서 기계에 따라 평균 생산량에 차이가 있다는 결론을 유의수준 1%에서 내릴 수 있다. 자료를 살펴보면 기계 C와 기계 D의 생산량이 높음을 확인할 수 있다.

7.

분산분석표

변동원인	제곱합	자유도	제곱평균	F 값
차 종	19.4	3	6.467	2.973
부 서	6.7	4	1.675	0.770
잔차(오차)	26.1	12	2.175	
합 계	52.2	19		

① (i) 가설의 설정 :

H_0 : 4가지 차종의 연료당 평균 주행거리는 모두 같다.

H_1 : 4가지 차종의 연료당 평균 주행거리가 모두 같지는 않다.

(ii) 기각역 (C.R.) :

F 값 $> 5.95 (= F_{0.01}(3, 12))$

(iii) 통계적 결정 :

F 값 $= 2.973$은 기각역에 속하지 않으므로 유의수준 1%에서 귀무가설을 기각할 수 없다. 따라서 차종에 따라 연료당 평균 주행거리에는 차이가 없다는 결론을 유의수준 1%에서 내릴 수 있다.

② (i) 가설의 설정 :

H_0 : 5개 부서의 연료당 평균 주행거리는 모두 같다.

H_1 : 5개 부서의 연료당 평균 주행거리가 모두 같지는 않다.

(ii) 기각역 (C.R.) :

F 값 $> 5.41 (= F_{0.01}(4, 12))$

(iii) 통계적 결정 :

F 값 $= 0.770$은 기각역에 속하지 않으므로 유의수준 1%에서 귀무가설을 기각할 수 없다. 따라서 5개 부서의 연료당 평균 주행거리에는 차이가 없다는 결론을 유의수준 1%에서 내릴 수 있다.

8.

분산분석표

변동원인	제곱합	자유도	제곱평균	F 값
재벌기업	26.0	2	13.0	26
연 도	122.0	2	61.0	122
잔차(오차)	2.0	4	0.5	
합 계	150.0	8		

① (i) 가설의 설정 :

H_0 : 재벌 기업의 평균 부채비율은 모두 같다.

H_1 : 재벌 기업의 평균 부채비율이 모두 같은 것은 아니다.

(ii) 기각역 (C.R.) :

F 값 $> 6.94(= F_{0.05}(2,4))$

(iii) 통계적 결정 :

F 값 $= 26.0$은 기각역에 속하므로 유의수준 5%에서 귀무가설을 기각한다. 따라서 재벌 기업의 평균 부채비율은 모두 같은 것은 아니라는(즉, 다르다는) 결론을 유의수준 5%에서 내릴 수 있다.

② (i) 가설의 설정 :

H_0 : 연도별 평균 부채비율은 모두 같다.

H_1 : 연도별 평균 부채비율이 모두 같지는 않다.

(ii) 기각역 (C.R.) :

F 값 $> 6.94(= F_{0.05}(2,4))$

(iii) 통계적 결정 :

F 값 $= 122.0$은 기각역에 속하므로 유의수준 5%에서 귀무가설을 기각한다. 따라서 연도별로 평균 부채비율이 다르다는 결론을 유의수준 5%에서 내릴 수 있다.

9.

분산분석표

변동원인	제곱합	자유도	제곱평균	F 값
기 계	0.889	1	0.889	1.33
교대조	27.444	2	13.722	20.58
기계×교대조	47.444	2	23.722	35.58
잔차(오차)	8.0	12	0.667	
합 계	83.777	17		

① (i) 기계효과에 대한 가설의 설정 :

H_0 : 기계에 따라 평균 생산량은 차이를 보이지 않는다.

H_1 : 기계에 따라 평균 생산량에는 차이가 있다.

(ii) 기각역 (C.R.) :

F값 $> 4.75(= F_{0.05}(1,12))$

(iii) 통계적 결정 :

F값 $= 1.33$은 기각역에 속하지 않으므로 유의수준 5%에서 귀무가설을 기각할 수 없다. 따라서 기계에 따라 평균 생산량은 차이를 보이지 않는다는 결론을 유의수준 5%에서 내릴 수 있다.

② (i) 교대조 효과에 대한 가설의 설정 :

H_0 : 교대조에 따라 평균 생산량은 차이를 보이지 않는다.

H_1 : 교대조에 따라 평균 생산량에는 차이가 있다.

(ii) 기각역 (C.R.) :

F값 $> 3.88(= F_{0.05}(2,12))$

(iii) 통계적 결정 :

F값 $= 20.58$은 기각역에 속하므로 유의수준 5%에서 귀무가설을 기각한다. 따라서 교대조에 따라 평균 생산량이 다르다는 결론을 유의수준 5%에서 내릴 수 있다.

③ (i) 상호작용 효과에 대한 가설의 설정 :

H_0 : 기계와 교대조 사이에는 상호작용 효과가 없다.

H_1 : 기계와 교대조 사이에는 상호작용 효과가 있다.

(ii) 기각역 (C.R.) :

F값 $> 3.88(= F_{0.05}(2,12))$

(iii) 통계적 결정 :

F값 $= 35.58$은 기각역에 속하므로 유의수준 5%에서 귀무가설을 기각한다. 따라서 기계와 교대조 사이에는 상호작용 효과가 있다는 결론을 유의수준 5%에서 내릴 수 있다. 자료를 살펴보면 교대조 1은 기계 1에서 높은 생산성을 보였으며, 교대조 3은 기계 2에서 높은 생산성을 보이는 상호작용 효과가 나타났다.

10.

분산분석표

변동원인	제곱합	자유도	제곱평균	F 값
농 지	12.11	2	6.06	4.21
비 료	7.11	2	3.56	2.47
농지×비료	20.22	4	5.06	3.51
잔차(오차)	13.0	9	1.44	
합 계	52.44	17		

① (i) 농지 효과에 대한 가설의 설정 :

H_0 : 농지에 따라 평균 벼 수확량은 차이를 보이지 않는다.

H_1 : 농지에 따라 평균 벼 수확량에는 차이가 있다.

(ii) 기각역 (C.R.) :

F값 $> 8.02(= F_{0.01}(2,9))$

(iii) 통계적 결정 :

F값 $= 4.21$은 기각역에 속하지 않으므로 유의수준 1%에서 귀무가설을 기각할 수 없다. 따라서 농지에 따라 평균 벼 수확량은 차이를 보이지 않는다는 결론을 유의수준 1%에서 내릴 수 있다.

② (i) 비료 효과에 대한 가설의 설정 :

H_0 : 비료에 따라 평균 벼 수확량은 차이를 보이지 않는다.

H_1 : 비료에 따라 평균 벼 수확량에는 차이가 있다.

(ii) 기각역 (C.R.) :

F값 $> 8.02(= F_{0.01}(2,9))$

(iii) 통계적 결정 :

F값 $= 2.47$은 기각역에 속하지 않으므로 유의수준 1%에서 귀무가설을 기각할

수 없다. 따라서 비료에 따라 평균 벼 수확량이 같다는 결론을 유의수준 1%에서 내릴 수 있다.

③ (i) 상호작용 효과에 대한 가설의 설정 :

H_0 : 농지와 비료 사이에는 상호작용 효과가 없다.

H_1 : 농지와 비료 사이에는 상호작용 효과가 있다.

(ii) 기각역 (C.R.) :

F값 $> 6.42 (= F_{0.01}(4,9))$

(iii) 통계적 결정 :

F값 $= 3.51$은 기각역에 속하지 않으므로 유의수준 1%에서 귀무가설을 기각할 수 없다. 따라서 농지와 비료 사이에는 상호작용 효과가 없다는 결론을 유의수준 1%에서 내릴 수 있다.

11. ①

분산분석표

변동원인	제곱합	자유도	제곱평균	F 값
블 록	438.0	2	219.0	219.0
처 리	402.0	2	201.0	201.0
잔차(오차)	4.0	4	1.0	
합 계	844.0	8		

② (i) 가설의 설정 :

H_0 : 비료에 따라 평균 감자 산출량은 차이를 보이지 않는다.

H_1 : 비료에 따라 평균 감자 산출량은 차이를 보인다.

ⓐ 일원배치 무작위 실험설계법을 사용하는 경우는 블록의 제곱합이 잔차(또는 오차) 제곱합에 포함된다. 따라서 잔차(또는 오차) 제곱합은 $438 + 4 = 442$이 되며, 이에 대응하는 자유도는 6이 된다. 따라서 $442/6 = 73.67$은 잔차(또는 오차)의 제곱평균이 된다. 따라서 F값은 $201/73.67 = 2.728$이 되며, 귀무가설이 참인 경우 분자 자유도가 2이고 분모자유도가 6인 $F(2, 6)$분포를 따르게 된다.

(ii) 기각역 (C.R.) :

F값 $> 3.46 (= F_{0.1}(2,6))$

(iii) 통계적 결정 :

F값 $= 2.728$은 기각역에 속하지 않으므로 유의수준 10%에서 귀무가설을 기각할 수 없다. 즉, 유의수준 10%에서 비료에 따라 평균 감자 산출량은 차이를 보이지 않는다고 말할 수 있다.

ⓑ 일원배치 무작위 블록실험설계법을 사용하는 경우는 ①에서 제시한 분산분석표를 그대로 사용하면 된다.

(ii) 기각역 (C.R.) :

F값 $> 4.32 (= F_{0.1}(2,4))$

(iii) 통계적 결정 :

F값 $= 201$은 기각역에 속하므로 유의수준 10%에서 귀무가설을 기각한다. 따라서 유의수준 10%에서 비료에 따라 평균 감자 산출량은 차이를 보인다는 주장을 받아들일 수 있다.

(**참고** : 문제에서 일원배치 무작위 실험설계법과 일원배치 무작위 블록실험설계법은 다른 결과를 제공하는 사실을 발견할 수 있다. 일반적으로 연구자는 비료에 따른 효과를 파악하고 싶지만 실험을 하는 과정에서 토지의 비옥도 등 여러 가지 환경적 제약조건을 가지고 실험을 실시하게 되며, 이러한 환경변수를 적절히 통제하는 것은 실험의 결과를 일반화 시키기 위해 매우 중요하다. 일원배치 무작위 실험설계법에서는 토지의 비옥도라는 변수를 무시하였기 때문에 이에 따른 변화가 잔차(또는 오차)로 포함되어 전체적으로 오차가 매우 크게 나타났으며, 이에 따라 비록 비료 사이에 차이가 있다고 할 지라도 큰 차이가 없는 것처럼 분석결과가 나타난 것이다. 반면 일원배치 무작위 블록실험설계법에서는 토지의 비옥도라는 변수를 블록으로 잡고 그 효과를 따로 분리하였기 때문에 잔차(또는 오차)의 크기가 작게 나타나서 비료에 대한 효과가 상대적으로 크게 나타난 것이다.)

12. <**상황** 1>은 처리간 제곱평균이 작게 나타나고 처리내 제곱평균도 작게 나타나는 경우로서 두 값의 비율로 나타나는 검정통계량 F값의 크기가 크게 나타날 지 작게 나타날 지 직관적으로 파악하기가 어렵다. 따라서 보다 구체적인 분석이 필요하다. 정답 : ③

<**상황** 2>는 처리간 제곱평균이 작게 나타나고 처리내 제곱평균이 크게 나타나는 경우로서 두 값의 비율로 나타나는 검정통계량 F값의 크기가 작게 나타나는 경우이다. 따라서 이 경우는 처리에 대한 효과보다는 잔차(또는 오차)의 크기가 큰 모형으로 처리의 효과가 없는 방향으로 통계적 결정이 나올 것이다. 정답 : ②

<상황 3>은 처리간 제곱평균이 크게 나타나고 처리내 제곱평균이 작게 나타나는 경우로서 두 값의 비율로 나타나는 검정통계량 F 값이 크게 되는 경우이다. 따라서 이 경우는 처리에 대한 효과가 잔차(또는 오차)의 크기보다 크게 나타나므로 처리의 효과가 있는 방향으로 통계적 결정이 나올 것이다. 정답 : ①

<상황 4>는 처리간 제곱평균이 크게 나타나고 처리내 제곱평균도 크게 나타나는 경우로서 두 값의 비율로 나타나는 검정통계량 F값의 크기가 크게 나타날 지 작게 나타날 지 직관적으로 파악하기가 어렵다. 따라서 보다 구체적인 분석이 필요하다. 정답 : ③

13.

분산분석표

변동원인	제곱합	자유도	제곱평균	F 값
처 리	7400.0	2	3700.0	5.742
잔차(오차)	5800.0	9	644.4	
합 계	13200.0	11		

② (i) 가설의 설정 :

H_0 : 세 도시의 평균 배추값은 동일하다.

H_1 : 세 도시의 평균 배추값은 동일하지 않다.

(ii) 기각역 (C.R.) :

F 값 $> 3.01 (= F_{0.1}(2,9))$

(iii) 통계적 결정 :

F 값 $= 5.742$는 기각역에 속하므로 유의수준 10%에서 귀무가설을 기각한다. 따라서 세 도시의 평균 배추값은 차이가 있다는 결론을 유의수준 10%에서 내릴 수 있다. 자료를 살펴보면 대구 지역의 배추값이 다른 지역에 비해 낮은 것을 확인할 수 있다.

14. ① 일원배치 무작위 블록 실험설계법을 사용하는 경우, 잔차(또는 오차) 제곱합은 $SST - SSB - SSBL = 940.67 - 547.17 - 348.0 = 45.5$가 되며, 총제곱합($SST$)의 자유도는 $12 - 1 = 11$이고 처리에 의한 변동(SSB)의 자유도는 2, 블록요인에 의한 변동($SSBL$)의 자유도는 3, 잔차(또는 오차) 변동(SSE)의 자유도는 $11 - 2 - 3 = 6$이

된다. 따라서 처리에 의한 제곱평균은 $547.17/2 = 273.59$가 되며 잔차(또는 오차)의 제곱평균은 $45.5/6 = 7.58$이 된다. 결국 처리 효과에 대한 검정통계량인 F값은 $273.59/7.58 = 36.08$이 된다. 이러한 F값은 귀무가설이 참인 경우 분자 자유도가 2이고 분모자유도가 6인 $F(2,6)$ 분포를 따르게 된다.

(i) 가설의 설정 :

H_0 : 포장 유형에 따라 제품의 평균 판매량에는 차이가 없다.

H_1 : 포장 유형에 따라 제품의 평균 판매량에는 차이가 있다.

(ii) 기각역 (C.R.) :

F 값 $> 5.14 (= F_{0.05}(2,6))$

(iii) 통계적 결정 :

F 값 $= 36.08$은 기각역에 속하므로 유의수준 5%에서 귀무가설을 기각한다. 따라서 유의수준 5%에서 포장 유형에 따라 제품의 평균 판매량에는 차이가 있다는 주장을 받아들일 수 있다.

② 일원배치 무작위 실험설계법을 사용하는 경우는 블록의 제곱합이 잔차(또는 오차) 제곱합에 포함된다. 따라서 잔차(또는 오차)의 제곱합(SSE)은 $348 + 45.5 = 393.5$가 되며 이에 대응하는 자유도는 9가 된다. 따라서 $393.5/9 = 43.72$는 잔차(또는 오차)의 제곱평균이 된다. 결국 처리 효과에 대한 검정통계량인 F값은 $273.59/43.72 = 6.26$이 되며, 이러한 F값은 귀무가설이 참인 경우 분자 자유도가 2이고 분모자유도가 9인 $F(2,9)$ 분포를 따르게 된다.

(ii) 기각역 (C.R.) :

F 값 $> 4.26 (= F_{0.05}(2,9))$

(iii) 통계적 결정 :

F 값 $= 6.26$은 기각역에 속하므로 유의수준 5%에서 귀무가설을 기각한다. 따라서 유의수준 5%에서 포장 유형에 따라 제품의 평균 판매량에는 차이가 있다는 주장을 받아들일 수 있다.

15. ①

분산분석표

변동원인	제곱합	자유도	제곱평균	F 값
처 리	98.0	2	49.00	3.22
잔차(오차)	137.0	9	15.22	
합 계	235.0	11		

(i) 가설의 설정 :

H_0 : 판촉 방법에 따라 월평균 매출액은 차이를 보이지 않는다.

H_1 : 판촉 방법에 따라 월평균 매출액은 차이를 보인다.

(ii) 기각역 (C.R.) :

F값 $> 4.26 (= F_{0.05}(2,9))$

(iii) 통계적 결정 :

F값 $= 3.22$는 기각역에 속하지 않으므로 유의수준 5%에서 귀무가설을 기각할 수 없다. 따라서 판촉 방법에 따라 월평균 매출액은 차이를 보이지 않는다는 결론을 유의수준 5%에서 내릴 수 있다.

② 자료를 살펴보면 점포의 유형에 따라 월 매출액이 큰 폭으로 움직이고 있음을 확인할 수 있다. 구체적으로 백화점의 경우는 어떠한 판촉방법을 이용하든지 매우 높은 매출을 올리는 반면, 재래시장은 그렇지가 못하다. 이러한 변동을 무시하고 일원배치 무작위 실험설계법을 이용하여 분석할 경우 이 변동은 잔차(또는 오차)로 포함되기 때문에 판촉방법의 효과에 대한 검출 능력이 떨어질 수 있다. 구체적으로 아래의 프로필 도표를 보면 각 블록(점포유형)간 프로필이 대체로 평행하고 그 간격도 크므로 점포유형을 블록요인으로 취급하는 것이 타당하며, 무작위 블록 실험설계를 이용함으로써 판촉방법의 효과를 보다 잘 규명할 수 있다.

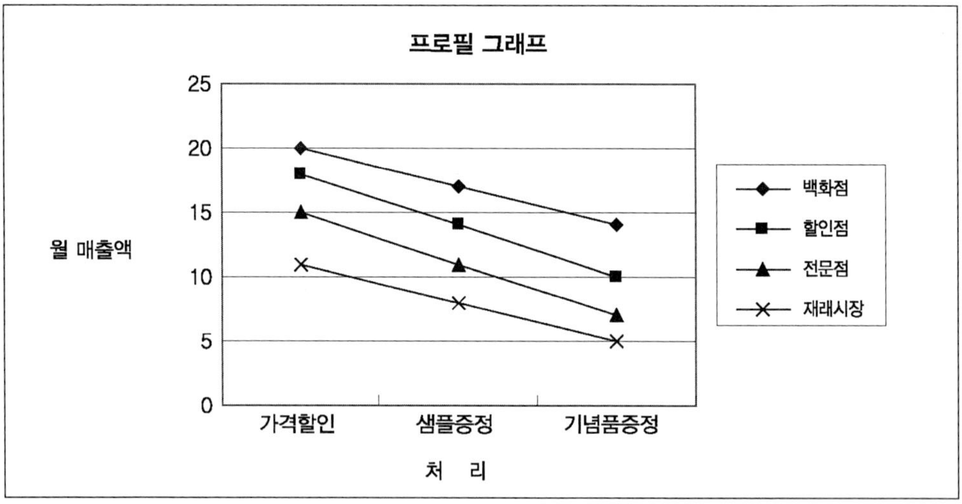

③

분산분석표

변동원인	제곱합	자유도	제곱평균	F 값
처 리	98.0	2	49.00	148.48
블록(점포유형)	135.0	3	45.00	
잔차(오차)	2.0	6	0.33	
합 계	235.0	11		

(i) 가설의 설정 :

H_0 : 판촉 방법에 따라 월평균 매출액은 차이를 보이지 않는다.

H_1 : 판촉 방법에 따라 월평균 매출액은 차이를 보인다.

(ii) 기각역 (C.R.) :

F 값 $> 5.14 (= F_{0.05}(2,6))$

(iii) 통계적 결정 :

F 값 $= 148.48$ 은 기각역에 속하므로 유의수준 5%에서 귀무가설을 기각한다. 따라서 판촉 방법에 따라 월평균 매출액은 차이를 보인다는 결론을 유의수준 5%에서 내릴 수 있다. 자료를 살펴보면 가격을 할인하는 경우가 모든 점포 유형에서 매출액을 증가시키는데 가장 효과적이라는 것을 확인할 수 있다.

16. ①

분산분석표

변동원인	제곱합	자유도	제곱평균	F 값
처 리	29,563,547	3	9,854,516	0.0025
잔차(오차)	6.327×1010	16	3.955×109	
합 계	6.33×1010	19		

(i) 가설의 설정 :

H_0 : 평가관에 따라 주택 시장가격의 평균은 차이를 보이지 않는다.

H_1 : 평가관에 따라 주택 시장가격의 평균은 차이를 보인다.

(ii) 기각역 (C.R.) :

F값 $> 3.24 \ (= F_{0.05}(3,16))$

(iii) 통계적 결정 :

F값 $= 0.0025$ 는 기각역에 속하지 않으므로 유의수준 5%에서 귀무가설을 기각할 수 없다. 따라서 평가관에 따라 주택 시장가격의 평균은 차이를 보이지 않는다는 결론을 유의수준 5%에서 내릴 수 있다(즉, 평가관에 따라 주택 시장가격의 평균이 다르다고 할 수 없다).

② 주택을 블록요인으로 하여 이원배치 분산분석을 수행한 결과(분산분석표)는 다음과 같다.

③

분산분석표

변동원인	제곱합	자유도	제곱평균	F 값
처리(평가관)	29,563,547	3	9,854,516	4.864
블록(주택)	6.325×1010	4	1.581×1010	
잔차(오차)	24,310,297	12	2,025,858	
합 계	6.33×1010	19		

(i) 가설의 설정 :

H_0 : 평가관에 따라 주택 시장가격의 평균은 차이를 보이지 않는다.

H_1 : 평가관에 따라 주택 시장가격의 평균은 차이를 보인다.

(ii) 기각역 (C.R.) :

F값 $> 3.49 (= F_{0.05}(3,12))$

(iii) 통계적 결정 :

F값 $= 4.864$는 기각역에 속하므로 유의수준 5%에서 귀무가설은 기각된다. 따라서 ①의 결과와는 달리 주택을 블록요인으로 하여 분산분석한 결과 평가관에 따라 주택 시장가격의 평균은 차이를 보인다는(다르다는) 결론을 유의수준 5%에서 내릴 수 있다.

③ ②가 타당하다. 왜냐하면 아래의 프로필 그래프를 보면 각 블록간의(주택간의) 프로필이 대체로 평행하고 그 간격도 큼을 알 수 있다.

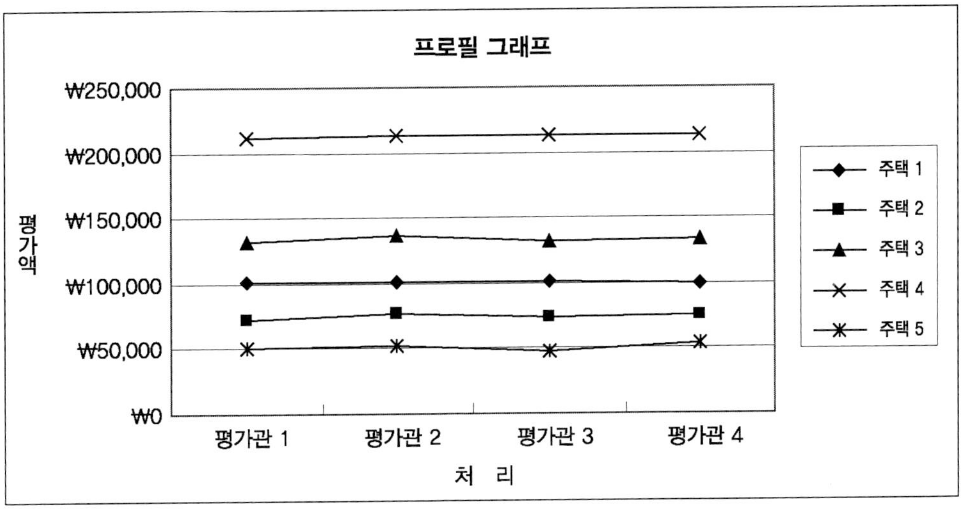

즉, 평가관에 관계없이 주택에 따른 시세 차이가 동일하게 큼을 알 수 있다. 이 경우 처리내 변동(잔차 변동)으로부터 블록요인에 의한 변동을 분리해 냄으로써 처리(이 경우 평가관)에 따라 주택 시장가격의 평균이 다른지의 여부를 보다 정확하게 검정할 수 있다.

17. ① 처리 자유도 : 2

잔차 자유도 : 9

② 엑셀 output에서 F비는 F값을 나타내며, F기각치는 임계값($F_{0.05}(2,9)$)을 나타낸다. 그런데 F비(4.776)가 F기각치(4.256)보다 크고, p-값도 유의수준 5%보다 작으므로 산업에 따라 기대수익 대비 위험 수준의 평균 비율은 다르다고 유의수준 5%에서 말할 수 있다.

③ 현재 p-값은 0.038574이다. 따라서 유의 수준이 1%라면 이는 p-값보다 작으므로 귀무가설은 기각할 수 없다. 즉, 유의수준이 1%일 경우, 산업에 따라 기대수익 대비 위험수준의 평균비율은 다르다고 할 수 없다.

(참고 : 교재의 엑셀 output은 엑셀의 <도구－데이터분석－분산분석 : 일원배치법>을 이용하면 얻을 수 있다. 반복없는 이원배치 분산분석을 위해서는 <도구－데이터분석－분산분석 : 반복없는 이원배치법>을 이용하며, 반복있는 이원배치 분산분석을 위해서는 <도구－데이터분석－분산분석 : 반복있는 이원배치법>을 이용한다.)

알기쉬운 통계학

제13장 연습문제

1. ①

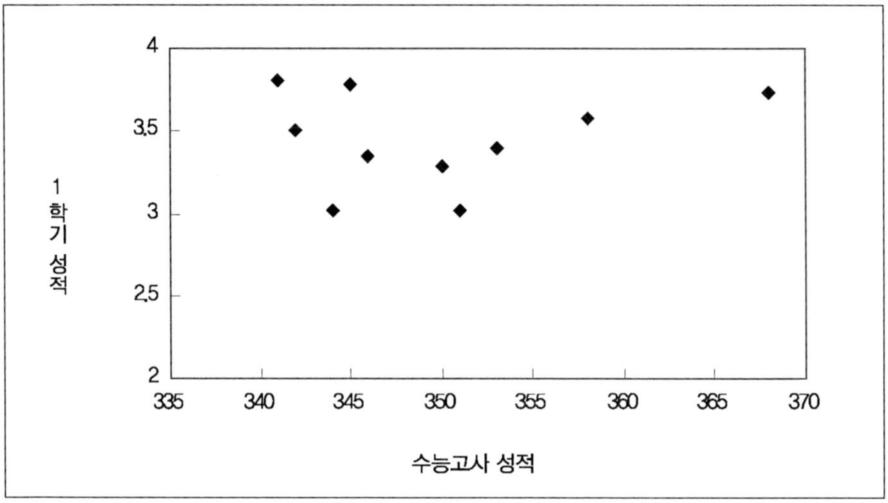

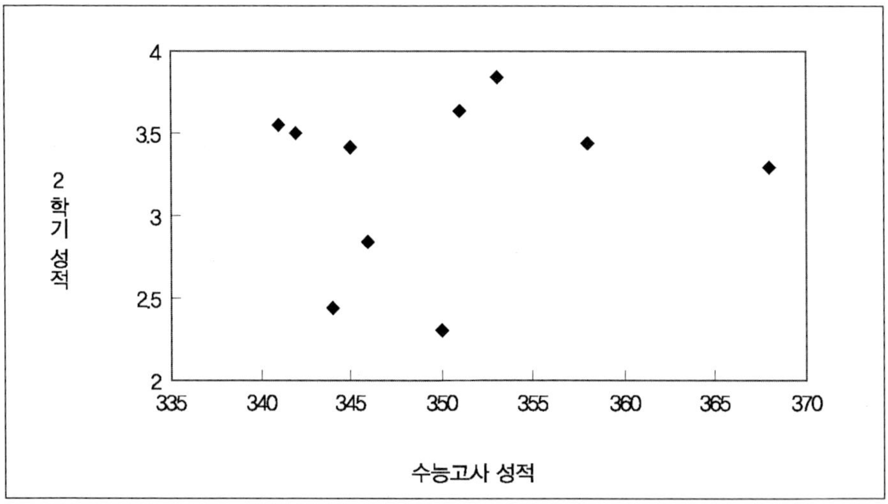

②

1학기 성적 예측을 위한 분산분석표

변동원인	제곱합	자유도	제곱평균	F 값
회 귀	0.016	1	0.016	0.17
잔차(오차)	0.732	8	0.092	
합 계	0.748	9		

추정된 회귀방정식 : $(\widehat{1학기\ 성적}) = 1.689 + 0.005 \times (수능고사\ 성적)$

즉, $\hat{y} = 1.689 + 0.005x$

2학기 성적 예측을 위한 분산분석표

변동원인	제곱합	자유도	제곱평균	F 값
회 귀	0.046	1	0.046	0.156
잔차(오차)	2.364	8	0.295	
합 계	2.410	9		

추정된 회귀방정식 : $(\widehat{2학기\ 성적}) = 0.21 + 0.0086 \times (수능고사\ 성적)$

즉, $\hat{y} = 0.21 + 0.0086x$

③ 1학기 성적 예측에 대한 추정된 표준오차는 오차제곱평균(MSE)이 0.092이므로 $\sqrt{0.092} = 0.30$로 계산된다. 또한 2학기 성적 예측에 대한 추정된 표준오차는 오차제곱평균(MSE)이 0.295이므로 $\sqrt{0.295} = 0.54$이다. 따라서 2학기 성적 예측에 대한 추정된 표준오차가 더 크게 나타난다.

④ 결정계수는 총제곱합(SST)에 대한 회귀제곱합(SSR)의 비율이므로 1학기 성적 예측에 대한 회귀모형의 경우 $0.016/0.748 = 0.021$이 된다. 또한 2학기 성적 예측에 대한 회귀모형의 경우 결정계수는 $0.046/2.41 = 0.019$가 된다. 상관계수는 결정계수의 제곱근으로 그 부호는 추정된 회귀식의 기울기 부호를 보면 알 수 있다. 따라서 1학기 성적 예측에 대한 상관계수는 $\sqrt{0.0021} = 0.145$이며, 2학기 성적 예측에 대한 상관계수는 $\sqrt{0.0019} = 0.138$이다. 결정계수 및 상관계수의 값 모두 1학기 성적과 관련되어 더 크게(즉, 1에 가깝게) 나타났으므로 수능성적은 1학기 성적과 더 밀접한 관련이 있다고 볼 수 있다.

⑤ 추정된 회귀방정식이 $(\widehat{1학기\ 성적}) = 1.689 + 0.005 \times (수능고사\ 성적)$ 이므로

$(\widehat{1학기\ 성적}) = 1.689 + 0.005 \times (350) = 3.44$ 이다. 따라서 이에 대한 95% 신뢰구간은

$$3.44 \pm t_{0.025}(8) s_e \sqrt{1 + \frac{1}{n} + \frac{(350 - \overline{x})^2}{\sum_{i=1}^{10}(x_i - \overline{x})^2}}$$

$$= 3.44 \pm 2.306 \times 0.30 \times \sqrt{1 + \frac{1}{10} + \frac{(350 - 349.8)^2}{619.6}}$$

$$= 3.44 \pm 0.726 = (2.71, 4.17)$$

⑥ (F분포를 이용한 검정)

(i) 가설의 설정 :

H_0 : 1학기 성적에 대한 회귀방정식의 기울기는 0이다. ($\beta = 0$)

H_1 : 1학기 성적에 대한 회귀방정식의 기울기는 0이 아니다. ($\beta \neq 0$)

(ii) 기각역 (C.R.) :

F값 $> 5.32 (= F_{0.05}(1,8))$

(iii) 통계적 결정 :

분산분석표를 보면 F값 $= 0.17$은 기각역에 속하지 않으므로 유의수준 5%에서 귀무가설을 기각할 수 없다. 따라서 1학기 성적에 대한 회귀방정식의 기울기는 0이라는 결론을 유의수준 5%에서 내릴 수 있으며, 1학기 성적에 대한 수능고사 성적의 회귀모형은 이 경우에는 적합하지 않다고 볼 수 있다.

(t분포를 이용한 검정)

(i) 가설의 설정 :

H_0 : 1학기 성적에 대한 회귀방정식의 기울기는 0이다. ($\beta = 0$)

H_1 : 1학기 성적에 대한 회귀방정식의 기울기는 0이 아니다. ($\beta \neq 0$)

(ii) 기각역 (C.R.) :

t값 $> 2.306 (= t_{0.025}(8))$

또는 t값 $< -2.306 (= -t_{0.025}(8))$

(iii) 검정통계량 값 계산 :

$$t값 = \frac{b - 0}{s_e / \sqrt{\left(\sum_{i=1}^{10}(x_i - \overline{x})^2\right)}} = \frac{0.005}{0.3/\sqrt{619.6}} = 0.41$$

(iv) 통계적 결정 :

t값 $= 0.41$은 기각역에 속하지 않으므로 유의수준 5%에서 귀무가설을 기각할

수 없다. 따라서 1학기 성적에 대한 회귀방정식의 기울기는 0이라는 결론을 유의수준 5%에서 내릴 수 있으며, 1학기 성적에 대한 수능고사 성적의 회귀모형이 이 경우에는 적합하지 않다고 볼 수 있다.

(참고 : 위에서 실시한 F검정과 t검정은 사실상 동일한 검정이다. F검정에서 사용한 F값은 t검정에서 사용되는 t값과는 F값 $= (t$값$)^2$의 관계를 가지고 있으며 기각역 설정(즉, 임계값)에 있어서도 이러한 관계가 성립한다.)

2. ① 옳음.

② 선형관계의 강도를 나타내는 수치는 상관계수로서 결정계수의 제곱근 값이 상관계수의 절대값과 일치한다. 따라서 선형관계의 강도는 $\sqrt{0.81} = 0.9$가 된다.

③ 옳음.

④ 결정계수는 항상 양의 값을 가지므로 결정계수의 제곱근인 상관계수의 부호는 현 상태로는 알 수 없다. 따라서 양의 선형관계인지 음의 선형관계인지를 파악할 수 없다.

3. ① 추정된 회귀방정식 : $(\widehat{\text{폐의 손상정도}}) = 13.66 + 1.0 \times (\text{흡연기간})$

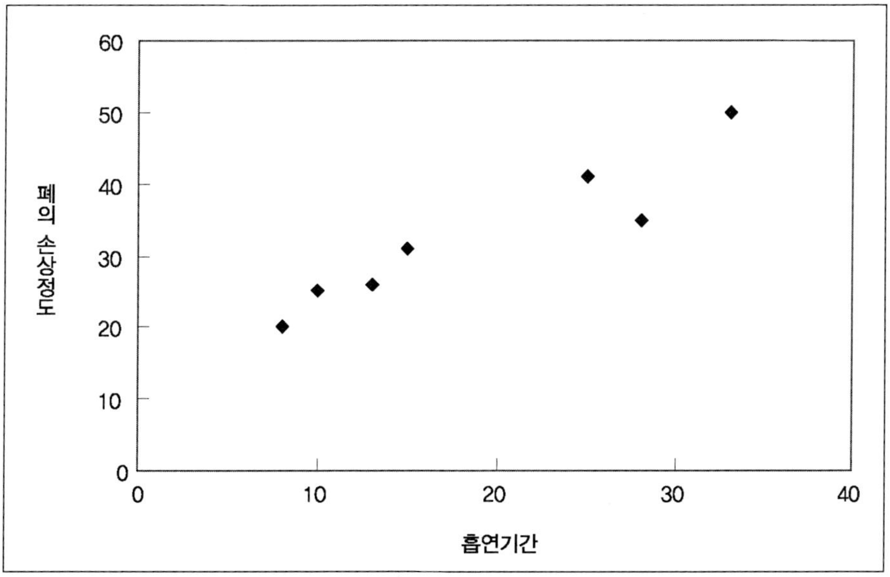

②

분산분석표

변동원인	제곱합	자유도	제곱평균	F 값
회 귀	570.29	1	570.29	39.92
잔차(오차)	71.42	5	14.28	
합 계	641.71	6		

위의 분산분석표를 살펴보면 결정계수는 총제곱합(SST)에 대한 회귀제곱합(SSR)의 비율이므로 $570.29/641.71 = 0.89$가 된다. 상관계수는 결정계수의 제곱근으로 ①의 산점도를 보면 X와 Y가 양의 관계에 있음을 파악할 수 있으므로 상관계수의 부호는 양이고 그 크기는 $\sqrt{0.89} = 0.94$이다. 따라서 상관계수는 0.94가 된다. 결정계수가 0.89라는 것은 폐 손상정도의 변동에서 89%는 흡연기간으로 설명이 가능하다는 의미이다. 또한 상관계수가 0.94라는 것은 흡연기간과 폐 손상정도는 양의 선형관계에 있으며 그 강도는 0.94라는 의미이다. 즉, 흡연기간과 폐의 손상정도는 매우 강한 양의 선형관계에 있음을 알 수 있다.

4. ① 추정된 회귀방정식 : $\hat{y} = 2.255 + 1.106x$

②

분산분석표

변동원인	제곱합	자유도	제곱평균	F 값
회 귀	115.06	1	5.06	195.94
잔차(오차)	2.94	5	0.59	
합 계	118.0	6		

결정계수는 총제곱합(SST)에 대한 회귀제곱합(SSR)의 비율이므로 $115.06/118 = 0.975$가 된다. 결정계수가 0.975라는 의미는 종속변수 Y의 변동중 97.5%를 독립변수인 X 가(또는 회귀식이) 설명해 준다는 의미이다.

5. 문제에서 제공된 값을 기초로 분산분석표를 만들면 다음과 같다.

분산분석표

변동원인	제곱합	자유도	제곱평균	F 값
회 귀	85.4	1	85.4	75.35
잔차(오차)	20.4	18	20.4/18=1.13	
합 계	85.4+20.4=105.8	19		

① 결정계수는 총제곱합(SST)에 대한 회귀제곱합(SSR)의 비율이므로85.4/105.8 = 0.807이 된다. 결정계수가 0.807이라는 의미는 종속변수 Y의 변동에서 80.7%가 독립변수인 X에 의하여(또는 회귀식에 의하여) 설명이 된다는 의미이다.

② (ⅰ) 가설의 설정 :

H_0 : Y에 대한 X의 회귀방정식 기울기는 0이다. ($\beta = 0$)

H_1: Y에 대한 X의 회귀방정식 기울기는 0이 아니다. ($\beta \neq 0$)

(ⅱ) 기각역 (C.R.) :

F 값 $> 3.01 (= F_{0.1}(1,18))$

(ⅲ) 통계적 결정 :

분산분석표의 F값 $= 75.35$는 기각역에 속하므로 유의수준 10%에서 귀무가설을 기각한다. 따라서 유의수준 10%에서 $\beta \neq 0$이며, Y에 대한 X의 회귀모형은 적합하다고 볼 수 있다.

6. 문제에서 제공된 값을 기초로 분산분석표를 만들면 다음과 같다.

분산분석표

변동원인	제곱합	자유도	제곱평균	F 값
회 귀	1400	1	1400	65.33
잔차(오차)	2000−1400=600	28	600/28=21.43	
합 계	2000	29		

① 추정된 회귀방정식이 $\hat{y} = 65.431 - 0.001x$이므로 $x = 1000$일 경우의 $\hat{y}$은 $65.431 - 0.001 \times 1000 = 64.431$이 된다. 따라서 의사 1인당 인구수가 1000명일 경우, 그 나라 국민의 평균수명은(보다 정확한 표현으로는 그 나라 국민의 평균수명의 기대값은)

64.431(세)로 예측할 수 있다는 것이다.

② 추정된 표준오차는 잔차(또는 오차) 제곱평균의 제곱근으로 계산되므로 $\sqrt{21.43} = 4.63$이 된다. 이 값은 종속변수의 실제 관측값 y가 $\hat{y}$를 중심으로(또는 추정된 회귀식을 중심으로) 어느 정도 퍼져있는지를 나타내주는 수치로 회귀모형에서 종속변수 Y가 $E(Y)$를 중심으로 얼마만큼 퍼져있는지를 나타내주는 σ 의 추정값이다. 따라서 추정된 회귀식을 통해 종속변수를 예측하는 경우 그 예측이 얼마나 정확할 것인지를 파악하는 척도가 된다. 만일 수집한 자료의 값이 추정된 회귀직선 주위에 오밀조밀하게 모여있으면 이 값은 작게 나타날 것이고 이와는 반대로 자료의 값이 추정된 회귀직선 주위에서 멀리 퍼져 있으면 이 값은 크게 나타날 것이다.

③ 분산분석표를 살펴보면 결정계수는 총제곱합에 대한 회귀제곱합의 비율이므로 $1400/2000 = 0.7$이 된다. 결정계수가 0.7이라는 의미는 각 나라별 국민의 평균수명 변동 중 70%가 의사 1인당 인구수에 의하여 설명이 된다는 의미이다.

④ (i) 가설의 설정 :

H_0 : 나라별 국민의 평균수명에 대한 회귀방정식의 기울기는 0이다. $(\beta = 0)$

H_1 : 나라별 국민의 평균수명에 대한 회귀방정식의 기울기는 0이 아니다. $(\beta \neq 0)$

(ii) 기각역 (C.R.) :

F값 $> 4.20 (= F_{0.05}(1,28))$

(iii) 통계적 결정 :

분산분석표의 F값 $= 65.33$은 기각역에 속하므로 유의수준 5%에서 귀무가설을 기각한다. 따라서 유의수준 5%에서 $\beta \neq 0$이며, 나라별 국민의 평균수명에 대한 의사 1인당 인구수의 회귀모형은 적합하다고 볼 수 있다.

7. 문제에서 제공된 값을 기초로 분산분석표를 만들면 다음과 같다.

분산분석표

변동원인	제곱합	자유도	제곱평균	F 값
회 귀	412−52=360	1	360	124.57
잔차(오차)	52	18	52/18=2.89	
합 계	412	19		

① 추정된 회귀방정식이 $\hat{y} = 2 + 1.53x$이므로 $x = 30$일 경우의 $\hat{y}$은 $2 + 1.53 \times 30 = 47.9$(백만원)이 된다. 따라서 점포의 규모가 30평일 경우 월 매출액은(보다 정확한 표현으

로는 월 매출액의 기대값은) 4천 7백 9십만원으로 예측할 수 있다는 의미이다.

② 분산분석표를 살펴보면 결정계수는 총제곱합에 대한 회귀제곱합의 비율이므로 $360/412 = 0.874$이 된다. 결정계수가 0.874라는 의미는 월 매출액의 변동에서 87.4%가 점포의 규모에 의하여 설명이 된다는 의미이다. 상관계수는 추정된 회귀식의 기울기가 양수이므로 양의 값을 갖게 되며 (양의 상관관계) 그 크기는 결정계수의 제곱근인 $\sqrt{0.874} = 0.935$이므로 상관계수는 0.935가 된다.

④ (i) 가설의 설정 :

H_0 : 월 매출액에 대한 회귀방정식의 기울기는 0이다. $(\beta = 0)$

H_1 : 월 매출액에 대한 회귀방정식의 기울기는 0이 아니다. $(\beta \neq 0)$

(ii) 기각역 (C.R.) :

F 값 $> 4.41 (= F_{0.05}(1, 18))$

(iii) 통계적 결정 :

분산분석표의 F 값 $= 124.57$은 기각역에 속하므로 유의수준 5%에서 귀무가설을 기각한다. 따라서 유의수준 5%에서 $\beta \neq 0$이며, 월 매출액에 대한 점포 규모의 회귀모형은 적합하다고 볼 수 있다.

8. ① $\hat{y} = -22.846 + 4.443x$

(**참고** : 엑셀 output에서 4.443은 교육성적 계수(즉, 추정된 회귀식의 기울기), −22.846은 Y절편 계수이다.)

② 종속 변수인 업무성과의 변동중 86.6%를 독립변수인 교육성적이 설명을 해주고 있으며, 나머지 13.4%는 현재 고려하고 있는 독립변수(교육성적) 이외의 다른 요인에 기인한다는 의미이다.

③ 엑셀 output의 '회귀분석 통계량'을 보면 결정계수는 0.866이다. 따라서 상관계수는 0.866의 제곱근으로 양과 음의 값을 가질 수 있으나, 추정된 회귀식의 기울기가 양이므로 상관계수의 부호는 양(+)임을 알 수 있다. 따라서, 상관계수는 $+\sqrt{0.866} = 0.931$이며, 교육성적과 업무성과는 매우 강한 양의 선형 관계에 있음을 알 수 있다.

④ 엑셀 output의 '분산분석' 결과를 보면 유의한 F(이것이 p-값임)가 $1.12E-05(1.12 \times 10^{-5})$로 거의 0에 가까운 것을 알 수 있다. 따라서 p-값이 유의수준 (이 경우 신뢰수준이 95%이므로 유의수준은 5%임)보다 훨씬 작으므로 모회귀식의 기울기 β는 0이 아니라고 할 수 있으며, 추정된 회귀식은 의미가 있다고 할 수 있다.

(**참고** : 교재의 엑셀 output은 엑셀의 <도구−데이터분석−회귀분석>을 이용하면 얻을 수 있다.)

알기쉬운 통계학

제14장 연습문제

1. 새로운 독립변수를 추가시키면 총 제곱합(SST)은 일정하지만 회귀 제곱합(SSR)이 증가하게 되므로 오차 제곱합(SSE)은 작아지고 결정계수는 커지게 된다. 하지만 필요 없는 독립변수가 추가될 경우 오차 제곱합에 대한 자유도는 작아지게 되므로 오차 제곱평균(MSE)은 커지게 되고 따라서 표준오차도 커지게 된다. 그런데 표준오차가 커진다는 것은 모형의 불확실성이 커진다는 의미이다. 또한 새롭게 추가된 독립변수가 종속변수에 영향을 미치는 변수이지만 이미 모형에 포함되어 있는 다른 독립변수가 이 부분을 설명해 주고 있다면 다중공선성의 문제도 발생하게 된다. 다중공선성 문제가 회귀모형에서 발생하게 되면 필요한 변수들도 의미가 없는 것처럼 나타나며 회귀계수의 추정값이나 그 부호가 엉뚱하게 나타날 수 있다. 또한 회귀모형에서 다중공선성 문제가 발생하면 비슷한 영향력을 주는 독립변수들이 모여서 몇 배나 큰 영향력을 종속변수에 발휘함으로써 예측값이 불안정하게 되고 따라서 분산이 커지게 되는 현상이(이러한 현상을 variance Inflation이라고 한다) 발생한다. 따라서 보다 안정적인 예측값과 작은 표준오차를 유지하기 위해서는 가급적이면 꼭 필요한 적은 수의 독립변수들을 선정하여 회귀모형에 포함시키는 것이 바람직하다.

2. ① 문제에서 제공된 값을 기초로 분산분석표를 만들면 다음과 같다.

분산분석표

변동원인	제곱합	자유도	제곱평균	F 값
회 귀	1367571−176594=1190977	2	1190977/2=595488.5	74.2
잔차(오차)	$8027 \times 22 = 176594$	22	8027	
합 계	1367571	24		

② (i) 가설의 설정 :

H_0 : 매출액에 대한 회귀모형은 적합하지 않다. (모든 $\beta_i = 0$)

H_1 : 매출액에 대한 회귀모형은 적합하다. (최소한 한 개의 $\beta_i \neq 0$)

(ii) 기각역 (C.R.) :

F값 $> 3.44 (= F_{0.05}(2,22))$ (유의수준 5% 가정)

(iii) 통계적 결정 :

분산분석표의 F값 $= 74.2$는 기각역에 속하므로 유의수준 5%에서 귀무가설을 기각한다. 따라서 매출액은 최소한 광고비 또는 보너스 금액에 영향을 받아 예측될 수 있으며, 이러한 관계를 나타내는 회귀모형은 적합하다고 볼 수 있다.

3. ① 추정된 회귀방정식은 $\hat{y} = 13.417 - 1.74x_1 + 0.062x_2$이다.

② (i) 가설의 설정 :

H_0 : 매출액에 대한 회귀모형은 적합하지 않다. (모든 $\beta_i = 0$)

H_1 : 매출액에 대한 회귀모형은 적합하다. (최소한 한 개의 $\beta_i \neq 0$)

(ii) 기각역 (C.R.) :

F값 $> 4.74 (= F_{0.05}(2,7))$

(iii) 통계적 결정 :

아래의 분산분석표를 보면 F값 $= 13.87$로 기각역에 속하므로 유의수준 5%에서 귀무가설을 기각한다. 따라서 유의수준 10%에서 매출액은 최소한 경쟁기업의 수 또는 인구에 영향을 받아 예측될 수 있으며, 이러한 관계를 나타내는 회귀모형은 적합하다고 볼 수 있다.

분산분석표

변동원인	제곱합	자유도	제곱평균	F 값
회 귀	118.20	2	59.10	13.87
잔차(오차)	29.80	7	4.26	
합 계	148.0	9		

③ 우선 경쟁기업의 수만을 독립변수로 하여 매출액에 대한 단순회귀분석을 실시하면 다음과 같은 분산분석표를 얻을 수 있다.

경쟁기업의 수 X_1만을 고려한 단순회귀분석에 대한 분산분석표

변동원인	제곱합	자유도	제곱평균	F 값
회 귀	102.08	1	102.08	17.78
잔차(오차)	45.92	8	5.74	
합 계	148.0	9		

따라서 위의 분산분석표와 ②의 분산분석표를 비교하면 독립변수로 인구 X_2를 추가로 모형에 포함시킬 경우 회귀 제곱합은 102.08에서 118.20으로 증가함을 알 수 있다. 즉, $118.20 - 102.08 = 16.12$만큼의 회귀 제곱합이 X_2가 포함됨으로써 증가된다는 것이다. 이에 대응하는 자유도는 독립변수가 한 개 추가되었으므로 1이 추가되며, 따라서 증가된 회귀 제곱평균도 16.02가 된다. 따라서 검정통계량 값은 다음과 같이 계산된다.

$$F\text{값} = \frac{16.12}{4.26} = 3.78.$$

(i) 가설의 설정 :

H_0 : 매출액에 대한 회귀모형에서 인구를 나타내는 독립변수는 필요 없다.
$(\beta_2 = 0)$

H_1 : 매출액에 대한 회귀모형에서 인구를 나타내는 독립변수는 필요하다.
$(\beta_2 \neq 0)$

(ii) 기각역 (C.R.) :

F 값 $> 3.59 (= F_{0.1}(1,7))$

(iii) 통계적 결정 :

여기서 F값 $= 3.78$은 기각역에 속하므로 유의수준 10%에서 귀무가설을 기각한다. 따라서 유의수준 10%에서 매출액은 경쟁기업의 수 X_1과 함께 추가로 인구 X_2에 영향을 받아 예측될 수 있으며, 이러한 관계를 나타내는 회귀모형은 적합하다고 볼 수 있다. 즉, 경쟁기업의 수가 설명하지 못하는 매출액의 변동 중 일부를 인구가 유의수준 10%에서 설명하고 있다는 의미이다.

(참고 : 이러한 부분 F 검정은 β_2 에 대한 t 검정과 동일한 검정이 된다. 이 경우 검정통계량 값인 t 값은 $\sqrt{3.78} = 1.94$가 되며 이에 대한 기각역은 $t_{0.05}(7) = 1.895 = (\sqrt{3.59})$보다 크거나 $-t_{0.05}(7) = -1.895 (= -\sqrt{3.59})$보다 작은 영역이 된다. F 검정의 경우 단측검정이지만 t 검정의 경우에는 양측검정임에 유의하라.)

④ ②의 분산분석표로부터 다중결정계수는 총제곱합에 대한 회귀제곱합의 비율이므로 $118.2/148 = 0.799$가 된다. 다중결정계수가 0.799라는 의미는 매출액의 변동 중 79.9%가 경쟁기업의 수와 인구에 의하여 설명이 된다는 의미이다.

⑤ ①의 추정된 회귀방정식을 보면 경쟁기업의 수가 1개 증가할 때마다 평균 매출액이 1.74(천만원) 씩 감소한다는 사실을 확인할 수 있다. 예를 들어, 어느 특정한 입지에 경쟁기업이 3개 존재한다면 매출액은 평균 5.22(천만원) 감소된다는 것이다. 또한 인구가 1(십만명) 증가할 경우 평균 매출액은 62만원 증가한다는 사실도 확인할 수 있다. 즉, 이것은 어느 입지가 다른 입지에 비해 인구가 100만명이 많다면 평균 매출액은 6백 2십만원 증가할 것이라고 예측할 수 있다는 의미이다.

4. ①

분산분석표

변동원인	제곱합	자유도	제곱평균	F 값
회 귀	3849.13	2	1924.57	15.32
잔차(오차)	2135.07	17	125.59	
합 계	5984.20	19		

② 추정된 회귀방정식은 $\hat{y} = 167.81 - 1.27x_1 - 1.12x_2$이다. 추정된 회귀방정식으로부터 고객의 나이가 1살 증가할 때마다 고객의 평균 만족도는 1.27점씩 감소한다는 사실을 확인할 수 있다. 예를 들어, 한 고객의 나이가 다른 고객보다 10살이 더 많다면 그 고객의 평균 만족도는 12.7점 감소된다는 것이다. 또한 업무의 관련정도가 1단위 만큼 증가할 경우 고객의 평균 만족도는 1.12점 감소한다는 사실도 확인할 수 있다. 따라서 전체적으로 살펴보면 나이가 증가함에 따라 그리고 업무의 관련정도가 높을수록 고객의 평균 만족도는 감소하는 경향이 있다고 볼 수 있다.

③ ⓐ 고객의 나이에 대한 부분검정 :

업무의 관련정도 X_2만을 고려한 단순회귀분석에 대한 분산분석표

변동원인	제곱합	자유도	제곱평균	F 값
회 귀	2123.96	1	2123.96	9.90
잔차(오차)	3860.24	18	214.46	
합 계	5984.20	19		

우선 업무의 관련정도만을 독립변수로 하여 고객 만족도에 대한 단순회귀분석을 실시하면 위와 같은 분산분석표를 얻을 수 있다. 이 분산분석표와 ①의 분산분석표를 비교하면 독립변수로 고객의 나이X_1을 추가한 회귀모형의 경우 회귀제곱합은 2123.96에서 3849.13으로 증가함을 알 수 있다.

즉, $3849.13 - 2123.06 = 1726.07$만큼의 회귀제곱합이 X_1이 추가로 포함됨으로써 증가된다는 것이다. 이에 대응하는 자유도는 독립변수가 한 개 추가되었으므로 1이 추가되며, 따라서 증가된 회귀제곱평균도 1726.07이 된다. 따라서 검정통계량 값은 다음과 같이 계산된다.

$$F\text{값} = \frac{1726.07}{125.59} = 13.74$$

(i) 가설의 설정 :

H_0 : 고객의 만족도에 대한 회귀모형에서 고객의 나이는 독립변수로 필요 없다. $(\beta_1 = 0)$

H_1 : 고객의 만족도에 대한 회귀모형에서 고객의 나이는 독립변수로 필요하다. $(\beta_1 \neq 0)$

(ii) 기각역 (C.R.) :

F값 $> 3.03 (= F_{0.1}(1,17))$

(iii) 통계적 결정 :

여기서 F값 $= 13.74$는 기각역에 속하므로 유의수준 10%에서 귀무가설을 기각한다. 따라서 유의수준 10%에서 고객의 만족도는 고객의 나이에 추가로 영향을 받아 결정되며 이러한 관계를 나타내는 회귀모형은 적합하다고 볼 수 있다. 이것은 업무의 관련정도가 설명하지 못하는 고객 만족도의 변동 중 일부를 고객의 나이가 유의수준 10%에서 설명하고 있다는 의미이다.

(참고 : 이러한 부분 F검정은 β_1 에 대한 t 검정과 동일한 검정이 된다. 이 경우 검정통계량 값인 t 값은 $-\sqrt{13.74} = -3.707$이 되며 (β_1의 부호가 음수이므로 음수의 값을 갖는다) 이에 대한 기각역은 $t_{0.05}(17) = 1.74 = (\sqrt{3.03})$보다 크거나 $-t_{0.05}(17) = -1.74 (= -\sqrt{3.03})$보다 작은 영역이 된다.)

ⓑ 업무의 관련정도에 대한 부분검정 :

고객의 나이 X_1 만을 고려한 단순회귀분석에 대한 분산분석표

변동원인	제곱합	자유도	제곱평균	F 값
회 귀	3494.95	1	3494.95	25.27
잔차(오차)	2489.25	18	138.29	
합 계	5984.20	19		

고객의 나이만을 독립변수로 하여 고객 만족도에 대한 단순회귀분석을 실시하면 위와 같은 분산분석표를 얻을 수 있다. 따라서 이 분산분석표와 ①의 분산분석표를 비교하면 독립변수로 업무의 관련정도 X_2를 추가한 회귀모형의 경우 회귀제곱합은 3494.95에서 3849.13으로 증가함을 알 수 있다.

즉, $3849.13 - 3494.05 = 355.08$ 만큼의 회귀제곱합이 X_2가 포함됨으로써 증가된다는 것이다. 이에 대응하는 자유도는 독립변수가 한 개 추가되었으므로 1이 추가되며, 따라서 증가된 회귀제곱평균도 355.08이 된다. 따라서 검정통계량 값은 다음과 같이 계산된다.

$$F\text{값} = \frac{355.08}{125.59} = 2.83$$

(i) 가설의 설정 :

H_0 : 고객의 만족도에 대한 회귀모형에서 업무의 관련정도는 독립변수로 필요 없다. $(\beta_1 = 0x)$

H_1 : 고객의 만족도에 대한 회귀모형에서 업무의 관련정도는 독립변수로 필요하다. $(\beta_1 \neq 0)$

(ii) 기각역 (C.R.) :

F 값 $> 3.03 (= F_{0.1}(1,17))$

(iii) 통계적 결정 :

여기서 F 값 $= 2.83$ 은 기각역에 속하지 않으므로 유의수준 10%에서 귀무가설을 기각할 수 없다. 따라서 유의수준 10%로 고객의 만족도에는 업무의 관련정도가 추가로 영향을 미친다고 볼 수 없으며 이러한 관계를 나타내는 회귀모형은 적합하다고 볼 수 없다. 이것은 고객의 나이가 설명하지 못하는 고객 만족도의 변동 중 일부를 업무의 관련정도가 유의수준 10%에서 설명하지 못한다는 의미이다.

(참고 : 이러한 부분 F 검정은 β_2에 대한 t검정과 동일한 검정이 된다. 이 경우 검

정통계량 값인 t값은 $-\sqrt{2.83}=-1.68$이 되며 (β_1의 부호가 음수이므로 음수의 값을 갖는다) 이에 대한 기각역은 $t_{0.05}(17)=1.74=(\sqrt{3.03})$보다 크거나 $-t_{0.05}(17)=-1.74=(-\sqrt{3.03})$보다 작은 영역이 된다.)

④ ①의 분산분석표로부터 다중결정계수는 총제곱합에 대한 회귀제곱합의 비율이므로 $3849.13/5984.2=0.643$이 된다. 다중결정계수가 0.643이라는 의미는 고객 만족도에 대한 변동 중 64.3%가 고객의 나이와 업무의 관련정도에 의하여 설명된다는 의미이다.

⑤ 앞의 회귀분석 결과로부터 업무의 관련정도는 유의수준 10%에서 고객의 만족도에 큰 영향을 미치지 않는 것으로 나타났으며 고객의 나이는 유의수준 10%에서 고객의 만족도에 영향을 미치는 것으로 나타났다. 따라서 업무의 관련정도를 제외시키고 고객의 나이만을 독립변수로 고려한 단순회귀분석이 이 경우에는 더 적합하다고 볼 수 있다. 고객의 나이만을 독립변수로 하여 추정된 회귀방정식을 구하면 다음과 같다.

$$(\widehat{\text{고객의 만족도}})=122.76-1.56\times(\text{고객의 나이})$$

즉, 고객의 나이가 1살 증가하는 경우 고객의 만족도는 평균적으로 1.56점 감소한다는 사실을 확인할 수 있다. 결국 이 회사는 나이가 많은 고객들이 만족도가 떨어지는 경향을 보이므로 이에 대한 개선책이 필요하다고 볼 수 있다.

⑥ 우선 회사 종업원의 임금수준이나 상사의 관리 행태, 종업원의 직무 만족도 등이 고객의 만족도에 영향을 미칠 수 있다. 또한 그 회사의 업무 특성도 고객의 만족도에 영향을 미칠 수 있으며, 고객과 접촉하는 장소의 환경, 고객의 성별이나 종업원의 성별, 고객의 학력이나 종업원의 학력, 종업원의 나이 등도 고려할 수 있다.

저자소개

■ 민 재 형

- 서강대학교 경상대학 2년 수료
- 미국 The University of Texas of the Permian Basin, 경제학사(B.A. with Honors)
- 미국 Indiana University at Bloomington, 경영학석사(MBA) 및 경영학박사(Ph.D.)
- 영국 University of Cambridge 객원교수(The British Chevening Scholar)
- 미국 Stanford University 객원교수
- 서강대학교 경영대학장 및 경영전문대학원장
- 현, 서강대학교 경영대학/경영전문대학원 교수

■ 이 군 희

- 서울대학교 계산통계학과 학사
- 미국 University of Missouri-Columbia 응용통계학 석사 및 박사
- 육군사관학교 수학과 교수부
- 서울대학교 경영학과 초빙교수
- University of Houston College of Business, Fulbright Scholar & Exchange Professor
- State University of New York (SUNY) at Stony Brook, Adjunct Professor
- 현, 서강대학교 경영대학/경영전문대학원 교수

알기쉬운 통계학 – 연습문제 해답집

2014년 7월 10일 1판 1쇄 인쇄
2015년 9월 7일 1판 2쇄 발행

저 자 민 재 형 · 이 군 희
발행인 류 재 식 · 류 재 원
발행처 도서출판 **북 넷**

서울시 용산구 효창동 5-3 대신빌딩 2층
등 록 2007. 11. 1 / 제203-90-00857
전 화 (02) 395-2341
팩 스 (02) 395-2303

정가 10,000원

ISBN 978-89-98581-18-3 (93320)

e-mail : book2341@naver.com